フランスの科学技術情勢

大学再編とシステム改革による
イノベーションへの挑戦

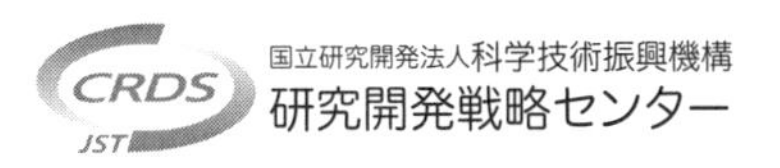

白尾　隆行 著
林　幸秀 著
八木岡　しおり 著

アドスリー

はじめに

我々が属する国立研究開発法人科学技術振興機構（ＪＳＴ）研究開発戦略センター（ＣＲＤＳ）は、我が国の科学技術・イノベーション戦略を検討するうえで重要と思われる諸外国の動向について調査・分析し、その結果を海外の科学技術・イノベーション動向として情報提供を行っている。本書は、フランスの科学技術情勢について、ＣＲＤＳの調査・分析業務の一環として取りまとめたものである。

日本人がフランスと聞いたときに真っ先に思い浮かべるのは、美術を中心とした芸術の国である。エジプトやギリシャ・ローマの彫刻に始まり、中世の宗教画やルネサンス絵画、さらには19世紀前半に至る美術品がこれでもかと展示されているルーヴル美術館や、印象派の名画がきら星のごとく展示されているオルセー美術館などに圧倒された日本人は数多い。また、フランスは、シャンソン、美食、ワイン、ファッションなどでも我々日本人を魅了して離さない。しかしこれらはフランスの一面にすぎず、本書のテーマである科学技術・イノベーションにおいても、フランスは、西欧の他の諸国や米国などと並び歴史的にも大きな存在感を示してきたし、現在も同様である。

フランスの科学技術・イノベーションでの特徴の一つは、中世からルネサンス以降の高等教育や基礎研究の営々たる積み重ねである。パリ大学は、イタリアのボローニャ大学とともに近世の高等教育を開始した輝かしい歴史を持っている。また、ルネサンス期には、デカルトやパスカルといった偉大な哲学者・科学者を生み、これが近代科学の基礎となる考え方を提供した。さらにフランスは、英国やドイツとともに近代科学の黎明期を切り拓いてきており、近代文明を築いてきたとも言える。ノーベル賞受賞者で見ても英国やドイツに次ぐ受賞者を数えている。

もう一つのフランスの科学技術・イノベーションの特徴は、原子力、宇宙、航空などの巨大プロジェクト開発とその産業化における国際的な存在感である。第二次世界大戦の戦勝国として得た立場を強固なものとするため、指導者であったド・ゴールが推し進めたのが安全保障・軍事力の強化であり、その一環で原子力開発、宇宙開発、航空機開発が、国家主導のビッグプロジェクトとして実施された。現在でも科学技術・イノベーションや国内産業にその成果が受け継がれており、原子力では世界一の技術大国であり、宇宙では他の欧州諸国と共同してアリアンロケットの開発運用を行っており、また、航空機では米国のボーイング社と並ぶエアバス社の開発・製造での中心国である。

このような状況を念頭に本書を作成した。本書の構成として、まずフランスの国情に始まり、科学技術を中心としたフランスの歴史、フランスの経済の現況に触れることにより、フランスの全体像を述べている。続いて、本書の眼目である科学技術・イノベーションに関するフランスの行政組織、研究開発機関、高等教育機関などフランスの科学技術・イノベーション活動の主たる機関および研究者を取り巻く環境について述べた。そのうえで、フランスの科学技術・イノベーション政策と具体的な施策、フランス全体の科学技術のインプット・アウトプット、国際協力を分析したのち、最後にフランスの科学技術・イノベーションの特徴と課題を述べている。

フランスでは国立科学研究センター（ＣＮＲＳ）などの国の研究開発機関が着実に成果を挙げてい

る。これらの国の研究機関と中世以来の伝統を有する大学などとの連携強化が、基礎研究における最大の課題であり、混成研究ユニット（ＵＭＲ）の設置や大学・高等教育機関共同体（ＣＯＭＵＥ）の創設などを含めさまざまな政策や施策が進められてきた。しかし、科学技術における国際的な地位では米国は遠くにあり、近隣の英国やドイツと比較しても劣位にある。さらに近年、中国が急激に力をつけており、論文数などでフランスを凌駕している状況にある。もう一つのフランスの強みである原子力、宇宙、航空における国際的な競争力は健在である。ただ、世界経済を大きくけん引しているＩＣＴの地平においては、フランスは米国、中国などと比較して、それほど目立った動きが見られない。こういった状況をどのように克服していくかが、今後のフランスの課題である。政府などによる具体的な解決を図る姿を見ていくと一つのフランス像が浮き上がってくるが、このフランス像を知ることにより、我が国の研究開発エコシステムを改めて眺める視点が得られるのではと期待している。

なお、最終章の「フランスの科学技術・イノベーションにおける特徴と課題」は、常時フランスの科学技術・イノベーションをモニタリングしてきた筆者3名の意見であり、ＪＳＴ・ＣＲＤＳ全体としての意見でないことを、念のために申し添えたい。読者の率直な御意見をお待ちしている。

２０１９年7月
3名の著者を代表して

林　幸　秀

目次

1章
国情

1　国土、人口、民族、言語、宗教、主要都市など

(1) 国土

フランスの正式名称は、フランス共和国（République française）である。国土面積は、海外領土を含め63万2834平方キロメートル、うち本土は、55万1695平方キロメートルである。フランスは、本土だけでも西欧諸国の中では最大の面積を誇り、ドイツ（35・7万平方キロメートル）の約1・5倍、英国本土（24・2平方キロメートル）の約2・3倍、日本（37・8万平方キロメートル）の約1・5倍である。

国土の大半は、緩やかな丘陵地や平野で可住地に恵まれており、国土の60％が海抜250メートル以下の平地で、温暖な気候と相まって西欧諸国最大級の農業国フランスの基礎となっている。また、図1のとおり本土の形状が六角形に見えるところから、しばしば「ヘキサゴン」とも称される。その6辺のうち、北東から東にかけては平野と川（ライン川）、東と南西は山脈（アルプスとピレネー）、残りは海（地中海、大西洋、北海）に面する。

(2) 人口

国立統計経済研究所（INSEE）のデータによれば、人口は、2019年1月1日で6693万人となっている。2017年のIMFのデータで西欧諸国のほかの国を見ると、ドイツが最大の

図1　フランス共和国

8271万人で、英国の6605万人、イタリアの6059万人、スペインの4633万人が続いており、フランスの人口は、英国とほぼ同じである。

(3) 民族

フランス本土では、ケルト人・ラテン人・ゲルマン系フランク人などの混成民族であるフランス人が大半を占める。ドイツ人がゲルマン人を主流としていることに異論は少ないのに対し、フランス人は、そうした主流を挙げることが困難なほどに3つの流れが拮抗した比重を持つのが特徴である。本土でもブルターニュ地方（北西部の半島地方）、バスク地方（大西洋側のスペインとの国境付近）、アルザス地方（ドイツとの国境付近）には独特の言語、風習、文化が残る。また、コルシカ島も、イタリア人に近いコルシカ系住民が中心である。一方、西インド諸島やポリネシアの海外県や海外領土では、非白人の住民が多い。また、戦後の経済成長期に進められた移民受け入れ政策もあり、今日では、イスラム系住民が人口の約8・5％を占めている。

(4) 言語

1992年から、フランス語が唯一の公用語となっている。ただし、オック語、ピカルディ語などのロマンス語系の地域語が存在するほか、ブルターニュ地方ではケルト系のブルトン語（ブレイス語）、アルザス地方ではアルザス語、北部フランドル・フランセーズではフランス・フラマン語、コルシカではコルシカ語、海外県や海外領土ではクレオール諸語など77の地域語があるが、日常語として話す人口は減少している。

(5) 宗教

フランスでは、カトリック教徒の国民に占める割合は最大であり、カトリック教会の長姉とも言われてきたが、近年熱心な信者は減少傾向にある。代表的な教会は、ノートルダム大聖堂、サン＝ドニ大聖堂などが挙げられる。近年イスラム系住民が増加しており、国家の基本である公共の場での無宗教主義の確保が、イスラムとの共存のための課題となっている。

（6）地方行政区分と主要都市

フランスは、17の地域圏に分かれ、本土に13、海外に4つの地域圏がある。2016年1月、それまでの地域圏の区割りが再編され、本土では22が13となった。本土の地域圏の下に現在96の県がある。さらにその下の市町村レベルにあたる行政単位（コミューン）は、フランス全土で3万5357ある。なお、地域圏とは必ずしも一致していないが、全国を17に分けて「地域アカデミー」と呼ぶ学区が置かれており、学区の長が国の出先として教育行政を管轄している。

これらの地域圏および県の行政に関わる機関（県庁など）は、その地域における高等教育・研究に関わる独自の計画を有しており、地域の整備計画と高等教育・研究・イノベーションに関する計画の調整を図って調和の取れた開発を行うため、国、高等教育・研究機関などと契約を締結し必要な財源を用意して、全体の科学技術・イノベーションの発展に貢献している。

首都はパリで、人口は約2244万人（パリを中心とした地域圏であるイル・ド・フランスで約1200万人）である。パリは政治、商業および文化の中心地であるが、パリを含むイル・ド・フランスとして都市計画などが立てられることが多い。次に人口が大きいのはマルセイユの約85万人（都市圏で約170万人）、続いてリヨンの約50万人（都市圏で約220万人）、トゥールーズの約45万人（都市圏で130万人）であり、パリへの一極集中が目立つ。

2　政治、外交

(1) 現政治体制―第五共和政

フランスでは、第二次世界大戦後制定された第四共和国憲法の下で小党が分立して不安定な政府が連続したため、1958年10月に公布された新たな憲法に基づいて、議院内閣制をとりながらも大統領権限が大幅に強化された第五共和政が採用された。

第四共和政で形式的・儀礼的な権限しか持たなかった大統領は、第五共和政では議会解散権、首相・閣僚任免権、条約批准権などの権限を有することとなった。このように第五共和政は、大統領に大きな権限を付与しており、「大統領制的議院内閣制」とも呼ばれる。

現在の大統領の任期は5年で（連続した任期は2期10年まで）、直接普通選挙によって選出される。大統領は首相を任命し、首相の提案に基づいて大臣等を任命する。また、大統領は閣議を主宰し、法律を公布するほか、軍隊の長を務める。一方、首相は、政府の活動を指揮し、政府は国政を決定し、遂行する。首相は国会の両院に対して責任を負う。

なお、第五共和政において、大統領と対立関係にある政党が議会で多数派を占め、その政党から首相が選出される状態、コアビタシオン（cohabitation：共存）がたびたび生じた。これは大統領が首相の任免権を持つが、同時に議会も首相の信任・不信任権を持つことによる。大統領と首相の属する二つの政党のイデオロギー、支持層からの要求、政治信念および性格などによって、両者の間で抑

表1　第五共和政下での歴代大統領

大統領名（臨時代理を除く）	就任期間
シャルル・ド・ゴール	1959年1月～1969年4月（二期目途中で辞任）
ジョルジュ・ポンピドゥー	1969年6月～1974年4月（任期途中で死去）
ヴァレリー・ジスカール・デスタン	1974年5月～1981年5月
フランソワ・ミッテラン	1981年5月～1995年5月
ジャック・シラク	1995年5月～2007年5月(二期目は5年)
ニコラ・サルコジ	2007年5月～2012年5月
フランソワ・オランド	2012年5月～2017年5月
エマニュエル・マクロン	2017年5月～

出典：各種資料をもとに筆者作成

制と均衡が効果的に機能する場合もあれば、確執から国家の運営に大きな支障をきたす場合もある。このような事態を緩和するため、大統領任期を7年から5年に短縮し、大統領選の直後に国民議会選挙を行うよう2000年9月に憲法改正が行われた。

以下の参考とするため、第五共和政下での歴代の大統領名と就任期間を表1に整理しておく。

(2) 国会

フランスの国会は、国民議会と上院の両院制をとっている。国民議会はブルボン宮殿を議事堂とし、上院はリュクサンブール宮殿を議事堂としている。

国民議会には、国民議会のみが有する政府の信任・不信任の権限があり、また、国民議会が上院に優越する権限として、予算法案の審議権や両院不一致の場合における最終議決権（憲法改正を除く）がある。

国民議会の総定数は577名で、本土から539名、海外県・海外領土から27名、在外フランス人から11名が選出される。被選挙権は23歳以上の国民とされ、任期は5年である。選挙制度は1区1人選出の小選挙区制で、有効得票の50％超かつ登録有権者の25％以上の得票を得た候補者がいない場合、上位二者による決選投票を行う二回投票制が導入されている。

一方、上院の総定数は348名で、被選挙権は30歳以上の国民とされ、任期は6年で、議席は3年ごとに半数が改選される。間接選挙制が採用されており、96の本土県および5の海外県、そして在外フランス人対象者の中から構成される選挙人によって選挙が実施される。

(3) マクロン政権

2017年5月の大統領選挙の結果、エマニュエル・マクロンが第五共和政第8代大統領に就任した。マクロン大統領は、オランド前政権（社会党・左派）で経済・産業・デジタル相を務めつつ、既成政党の枠外で改革派の結集を目指すとして自身の政治運動「前進！」（現在は政党「共和国前進」）を立ち上げた後、閣僚を辞任し大統領選挙に独立系候補として出馬したものである。

マクロン大統領は、共和党（右派）からフィリップ首相を指名し、左派、中道、右派、環境主義者といった政治的多様性を考慮しつつ、男女同数で、民間から半数を登用した内閣を設置した。同年6月の国民議会選挙では、「共和国前進」が単独で過半数を獲得した。労働法制改革、社会保障改革、税制改革などが政権の重要課題であると言われている。

２０１８年９月の燃料税値上げの表明を契機として始まった「黄色いベスト運動」の広がりに対応して、同年末マクロン大統領は、最低賃金の値上げを決断したうえで２０１９年予算を成立させた。２０１９年1月には同大統領は、国民に書簡を出し国民の声を聴く姿勢を打ち出しているが、同年６月現在もこの運動が続いており、その先行きが注目される。

（4）外交・国防

フランスは、第二次世界大戦の戦勝国として、国際連合安全保障理事会常任理事国の地位を確保し、国連を中心とした伝統的な「国際協調」路線に立った外交を展開している。また、仏独の連携を軸とした欧州における協力と統合を積極的に推進し、ＥＵを通じたフランスの影響力拡大を目指している。さらに、国内の低迷する経済状況を踏まえ、輸出促進・対仏投資誘致を目指した外交を積極的に推進している。

安全保障に関しては、核抑止力を要石とするフランスの独自性を維持しつつ、ＮＡＴＯと両立した形での欧州の防衛体制および対応能力の強化・発展に注力している。旧植民地を多く擁するアフリカ地域に対しては、それぞれの諸国のイニシアティブを尊重しつつ、人道主義に基づく難民政策、軍事的協力も含めた支援を展開している。

2章

科学技術を中心とした フランスの歴史

古代から中世まで

現在のフランス地域は、地中海沿岸のギリシャ人植民都市を除くとローマ侵入までケルト人が住んでいた土地であり、古代ローマ人はこの地をガリアと呼んでいた。紀元前58年以降数年にわたって、カエサルがガリアに侵攻し、ローマの属州とした。5世紀になるとゲルマン系諸集団が東方から侵入し、ガリアを占領して諸王国を建国した。8世紀末にはフランク王国のカール大帝（シャルルマーニュ）がほぼ欧州を統一し、800年には西ローマ帝国皇帝の称号をローマ教皇から与えられた。シャルルマーニュの没後、フランク王国は、西フランク王国、中フランク王国、東フランク王国の3つに分裂した。これらはそれぞれ現在のフランス、イタリア、ドイツの基礎となった。987年、西フランク王国が断絶し、カペー王朝によるフランス王国が成立し、以降ヴァロワ朝、ブルボン朝と続き、しだいにフランスとして統一されていった。

古代から中世の初めまでのフランスの地域に残された科学技術としては、土木建築技術の進展が挙げられる。ライン川以西を支配したローマ人は、土木技術に秀で、極めて優れた土木建築物を現在に残している。代表的なものは、南部のガール県のガルドン川に架かる水道橋ポン・デュ・ガールであり、紀元前19年頃にアウグストゥス帝の腹心アグリッパの命令で架けられたとされる。その後、キリスト教の発展や封建制の強化などとともに教会建築技術が進展し、ロマネスク様式（1000年から1200年）による修道院やその後のゴシック様式（1200年からルネサンス期）による教会が、その雄姿を現存させている。

ソルボンヌ大学の校舎
(現ソルボンヌ大学に至るパリ大学の経緯は108ページ参照)

大学の起源とパリ大学

中世においてフランスは、英国と長期間にわたって戦争状態を継続する。1337年から1453年までフランスは、英国との間で断続的に百年戦争を戦った。当初は英国が優勢であり、その軍勢は、パリを占領しフランス王シャルル7世をオルレアンに追いつめた。しかし、ジャンヌ・ダルクの登場を契機として戦況は逆転し、最終的にはドーヴァー海峡に近いカレーを除く大陸領土をフランスが制圧して終わった。

この時期の重要な科学技術の動きとして、大学の創始が挙げられる。現在、世界各国において知的な活動の重要な部分を担う大学の起源は、中世の欧州に根ざす。12世紀のパリには修道院付属学校など多くの学校があったが、これら学校の教師たちが権力者の介入に対抗して結集したのがパリ大学の始まりである。

ルネサンス期

ルネサンスの発祥は14世紀のイタリアであるが、フランスには16世紀にイタリアの先進文化が伝えられ、国王の文芸保護政策もあってフランス・ルネサンスの時代となった。16世紀後半になると王権とユグノー（宗教改革を進めるカルヴァン派）との対立が深まり、30年以上にわたるユグノー戦争が勃発した。ブルボン王朝を創始したアンリ4世は、１５９８年には宗教的寛容を定めたナントの勅令を出して個人の信仰の自由を認め、ユグノー戦争を終わらせた。

フランスのルネサンスでは、思想家ミシェル・ド・モンテーニュの登場が有名であり、続くルネ・デカルトは、思想家として、思惟する実体と物体を相互に独立とする物心二元論を展開し、近代合理主義の基礎を築き、また、数学者として、直線運動、慣性の法則、運動量保存則などの法則によって粒子の運動が確定されるとした。さらにデカルトは、これらの物理法則を宇宙全体にも適用し、粒子の渦状の運動として宇宙の創生を説く渦動説を唱えた。

ブルボン王朝全盛期

三十年戦争などを経て、17世紀後半にはブルボン王朝の最盛期を迎える。１６４３年に即位したルイ14世は、フランス東インド会社を再建し、国内産業の育成など重商主義政策を推進し絶対王政を確立させたが、その一方でヴェルサイユ宮殿の建築などがフランス財政を圧迫し国民の重税に対する不満が蓄積されていった。この状況はルイ16世の時代まで続いた。

この時代には、ルイ14世の手厚い学芸への保護もあり、フランスの科学技術が進展していった。1666年にルイ14世は、科学研究を活性化させ保護すべきであるとして、フランス科学アカデミーを創立した。最初にアカデミー会員として任命されたのは、天文学者、解剖学者、植物学者、幾何学者などからなる22名であり、17世紀後半から18世紀末まで、欧州の科学研究の最前線として機能し、また、しだいに公共に資する科学としての役割を果たしていった。この時期、ブレーズ・パスカル、ピエール・ド・フェルマーの両数学者が確率論の基礎を固め人類が未来予測の手法を手にしたことも明記しておきたい。今日フランスが優れた数学者を輩出する背景として、歴史上偉大な数学者の存在は無視できない。

18世紀後半にかけて編集された『百科全書』は一種の文化運動であり、編集を行ったドゥニ・ディドローやジャン・ル・ロン・ダランベールをはじめヴォルテール（本名フランソワ＝マリー・アルエ）やジャン＝ジャック・ルソーを含む当時の知識人を総動員して刊行され、あらゆる知識を網羅し、諸科学の連関を示すことに成功している。特に、当時一段下に見られていた技術を知識として学問体系に持ち込み、近代科学技術の基礎を築いた。

フランス革命とその後の混乱期

ブルボン王朝および貴族・聖職者による圧制に反発した民衆は、1789年7月14日にバスティーユ牢獄を襲撃した。これを契機としてフランスの全土に騒乱が発生し、ブルボン王朝を中心とした旧体制が崩壊した。革命派内部の混乱や周辺国からの圧力の中でフランスは混乱したが、１７９９年ブリュメールのクーデターによってナポレオン・ボナパルトが独裁権を掌握した。１８０４年にナポレオンは皇帝に即位したが、モスクワ遠征やライプツィヒの戦いでの敗戦で退位し、その後復活するもワーテルローの戦いに完敗した。ナポレオンの失脚後、ルイ16世の弟であるルイ18世およびシャルル10世の復古王政、１８３０年の七月革命、１８４８年の二月革命および六月蜂起などを経て、同年12月の選挙でルイ＝ナポレオンが大統領に選ばれた。その後皇帝に即位し、第二帝政が誕生する。

　フランス革命とその後の政治的な混乱期は、必ずしも全ての点で破壊的であったわけではない。たとえば、革命前から王室の庇護の下に発展し、公共事業、特許審査、統計に基づく行政などで活躍の場を拡げてきたフランス科学アカデミーの活動は、革命以降においても社会に役立つ科学の担い手として科学者の集団を形成していった。また、フランス革命とその後の混乱期に大きく進展した科学技術関連の制度として注目すべきは、グランド・ゼコールであろう。フランス革命によって新国家再建のために高度な専門知識・技術を有する人材が求められたのに対して、当時フランスに存在した大学ではリベラルアーツ教育が中心であり、実学の専門教育を高度に行う機関が存在しなかったため、国家がそれを用意する必要に迫られたのである。代表的なグランド・ゼコールであるエコール・ポリテクニークは１７９４年に創設されており、また、エコール・デ・ミンは、１７８３年に創立されたがフランス革命の初期には一時閉鎖され１７９４年に再建されている。

　フランス革命の混乱期においても、世界をけん引するような科学者が現れている。数学の分野では、ジョゼフ＝ルイ・ラグランジュとピエール＝シモン・ラプラスが代表的人物である。アントワーヌ＝ローラン・ド・ラヴォアジエは、パリ出身の化学者であり、質量保存の法則の発見や酸素の命名などにより「近代化学の父」と称される。しかし彼は、革命前は徴税請負人であり、また、旧体制の一部と見なされ廃止されていた科学アカデミーの再建への働きかけが反革命的と誤解されて逮捕され、断頭台で処刑されている。アンドレ＝マリ・アンペールは、電磁気学の創始者の一人で、アンペールの法則を発見した。ニコラ・レオナール・サディ・カルノーは、「カルノーサイクル」の研究により熱力学第二法則の原型を導いた。エヴァリスト・ガロアは、フランスの数学者および革命家であり、数学者として10代のうちにガロア理論の構成要素である体論や群論の先見的な研究を行ったが、20歳という若さで決闘により悲劇的な最期を遂げた。

第二帝政

1851年に皇帝に即位したナポレオン3世は、外征面での成功を通じて威光を高めるとともに、ジョルジュ・オスマンに命じて大規模なパリ市の改造計画を推進したり、フランス各地を結ぶ鉄道網を整備したりするなど、大規模なインフラ整備を通じて工業化を推進した。近代的な金融機関であるソシエテ・ジェネラルなどの設立、アルザス・ロレーヌ地方の製鉄業の振興などもこの時期である。ブルボン王朝時代には、農本主義に基づいた農村経済の育成に努めたことなどから、フランスの産業革命は英国に比較して30年から40年ほど後れていたが、ナポレオン3世による中央集権的政府の下で

キログラム原器の複製（国際度量衡機構（BIPM）提供）

国家主導の産業化が急激に進展した。１８７０年７月に普仏戦争が勃発したが、プロイセン軍は精強で、同年９月にセダンの戦いで約10万人のフランス兵と皇帝ナポレオン３世が降伏し、翌１８７１年１月パリを占領された。

科学技術に目を転じると、革命後および第二帝政までの時期、度量衡は改革課題の一つであり、メートルとキログラムが導入され、１７９９年にメートルとキログラムの原器が作製されて公文書館に保管された。その後、フランス以外の国々でメートル法が採用されていき、１８７５年、欧米の30か国の科学者がパリで会合し、フランス政府が保持しているメートルとキログラムの原器を標準とすることと、度量衡に関わる世界標準の管理を行う組織の設立が決定された。これがメートル条約と国際度量衡機構（ＢＩＰＭ）である。この時代には、増大する国力を背景に優れた科学者が出ている。ルイ・ジャック・

パンテオン内のフーコーの振り子

マンデ・ダゲールは、史上初めて実用的な写真技術を完成した人物である。ジャン・ベルナール・レオン・フーコーは、1851年に地球の自転を証明する際に用いられる「フーコーの振り子」の実験を行った。ルイ・パスツールは、ドイツの医学者ロベルト・コッホとともに、「近代細菌学の開祖」とされる。パスツールは、発酵、病原体による感染、免疫という生命現象の基本を発見するとともに、それらの成果を醸造法、消毒法、ワクチン開発など工業、医学への展開を導いている。

普仏戦争の敗北、第一次世界大戦、第二次世界大戦

普仏戦争に敗北した後、1875年に第三共和政が発足するが、小党分立により政権は不安定であった。しかし、第二帝政期に急速にインフラが整備されたこともあり、工業化は順調に進展した。金融資本の形成も進み、広大な植民地やロシアな

パンテオン内のキュリー夫人の柩

どへの投資が積極的に行われた。1914年に第一次世界大戦が勃発すると、フランスは連合国としてドイツと交戦した。大戦中、戦場となったフランスの国土は荒廃し、フランスは戦勝国となったものの戦債の支払いや国土の荒廃もあって経済は不安定となった。1939年、ナチス・ドイツがポーランドに侵攻し、翌1940年にフランスに侵攻して独仏休戦協定が締結され、同年7月、ペタン元帥よる事実上のドイツ傀儡政権であるヴィシー政権が成立した。1945年のドイツ降伏によって全土がナチス・ドイツから解放された。

19世紀後半には、建築技術の進歩や新素材の開発、工業力の増強や富の増大を示すものとして、先進各国において相次いで高層建築が建設されたが、この時期で科学技術を代表する出来事に、エッフェル塔の建造がある。1889年のフランス革命100周年を記念してパリで第4回万国博覧会が開催され、その目玉として建造されたエッフェル塔は、高さ312・3メートルで、1930年にニューヨークにクライスラー・ビルディングが完成するまでは世界一高い建造物であった。

フランスでこの時期に活躍し、科学史の中でも燦然と輝く業績を残した女性科学者に、マリア・スクウォドフスカ＝キュリー（キュリー夫人）がいる。彼女はポーランド出身の物理学者・化学者であり、1903年に夫のピエール・キュリーとともにノーベル物理学賞を、1911年に単独でノーベル化学賞を受賞している。また、彼女の娘で原子物理学者のイレーヌ・ジョリオ＝キュリーも、1935年に人工放射性元素の研究で夫フレデリックとともにノーベル化学賞を受賞している。いずれも今日のフランスの研究体制の基礎を構築する業績を成し遂げている。また、キュリー夫人と同時代の科学者として、アントワーヌ・アンリ・ベクレルは、放射線の発見者であり、1903年にノーベル物理学賞を受賞している。エコール・ポリテクニークで自然科学を、国立土木学校で工学を学んだジュール＝アンリ・ポアンカレは、数学、数理物理学、天体力学などの重要な基本原理を確立した。ルイ・ド・ブロイは、理論物理学者で、1924年に彼が仮説として提唱したド・ブロイ波（物質波）は、シュレディンガーによる波動方程式として結実し、量子力学の礎となった。1929年に「電子の波動性の発見」によってノーベル物理学賞を受賞した。

国策による大型科学技術プロジェクト

第二次世界大戦後フランスは戦勝国となり、ドイツ占領に参加し、国際連合安全保障理事会常任

パリ市内クレマンソー広場にあるシャルル・ド・ゴール大統領の像

理事国という地位を確保した。１９４７年1月から第四共和政に移行したが、ドイツによる収奪と戦禍によりフランス経済は疲弊しており、米国からマーシャル・プランによる支援を受ける一方で、冷戦勃発後は石炭鉄鋼共同体など欧州統合政策を開始した。

一方、植民地支配に限界が訪れ、アフリカ、中東およびアジアの植民地は、次々に独立していった。さらに、アルジェリア戦争で無力さを露呈した第四共和政は、１９５８年、シャルル・ド・ゴールの再登場を経て彼を大統領として第五共和政へと移行した。冷戦下では、西側陣営でありつつも米国とは一定の距離を置く独自路線を貫いた。経済面では１９６１年に成立した欧州共同体において中心的な役割を果たした。１９７３年の第一次オイルショックまで高い経済成長率を維持し、この期間を栄光の30年間という。

科学技術の面では、対米追従から脱却し戦勝国としての地位を維持するためには、核の保有とミサイルの開発が不可欠であるとの立場から、ド・ゴール大統領は、国策として原子力、宇宙開発などを推進していった。これらのプロジェクトの成果は、現在のフランスの製造業の国際競争力につながっている。

1960年2月、アルジェリア内のサハラ砂漠において初の核実験に成功し、フランスは米ソ英に継ぐ4番目の核保有国となった。1966年には、フランス領ポリネシアで水爆実験にも成功した。また、ミサイルの開発は、ドイツのV2開発関係者やその開発資料を用いることで進められ、1954年にアルジェリア南部のアマギールから最初の試験機の打ち上げが行われた。1965年にはディアマンロケットによる衛星打ち上げに成功し、フランスは、ソ連、米国に次いで世界で3番目に人工衛星の打ち上げ能力を保有する国家となった。

核兵器の開発を含む原子力研究開発を実施するため、1945年に原子力庁（CEA）が設置され、核実験成功後は、民生用の原子力開発にも力を入れてきた。とりわけ、1973年のオイルショック後は、原子力発電の導入を積極的に進めた。

宇宙開発に関しては、1959年に航空宇宙産業界によって設立されたSEREB（ミサイル開発管理機関）が、前述のとおりディアマンロケットの開発に成功し、この成果を受けてフランス国立宇宙研究センター（CNES）が1961年に創立された。その後、CNESは、欧州の宇宙開発をけん引し、打ち上げロケット、人工衛星、発射設備、運用センター、地上局ネットワーク、研究施設など宇宙開発計画に不可欠な基幹施設を整備した。１９８０年代、ＣＮＥＳは、欧州宇宙機関（ＥＳＡ）の設立に力を尽くし、アリアンロケットを開発した。

航空機の開発も熱心に進められた。英国と共同で超音速機コンコルドを開発・運行し、また、米国のボーイングなどに対抗するため、１９７０年にフランスのアエロスパシアルと西ドイツＤＡＳＡ社が共同出資して設立したのがエアバス社である。エアバス社は、中型機Ａ３００の製作に取り組むとともに、英国のＢＡｅ社とスペインのＣＡＳＡ社も参加して４か国体制となった。Ａ３００は、航続距離不足や信頼性不足などを指摘され苦戦したが、フランスと西ドイツの両政府の全面的な援助によって乗り切り、性能を抜本的に強化したＡ３２０で成功を収めた。現在は米国のボーイング社と並び、世界の２大航空機メーカーに発展している。

基礎研究力の復活へ向けて

学生運動を発端とする１９６８年五月危機は、政界に大きな影響を与えた。デカルト以来の近代合理主義や啓蒙主義への学生、労働者の全般的批判は、市場原理に基づく既存体制への反抗を引き起こし、大学の自治の拡大や民主化の動きにつながり、企業と大学の関係を問い直すまでに至り、産学連携が軽んじられる事態も招いた。より民主的な運営を図るなどＣＮＲＳ等の組織運営の改革へも波及し今日の国の研究システムの素地が形成されていった。

翌年ド・ゴール大統領が引退し、後を継いだジョルジュ・ポンピドゥーは、ド・ゴール主義を継承しつつ経済の近代化を図った。特に西欧全体の協調を図るため、ド・ゴールが拒否した英国のEC加盟を認めた。

1974年に大統領となったヴァレリー・ジスカール・デスタンは、世界主義を標榜し第三世界外交を推進するも、オイルショック後の経済不況で不人気であった。1981年の大統領選挙で社会党のフランソワ・ミッテランが当選し、フランス共産党との左派連合政権となった。1995年に第5代大統領となったのは、共和国連合を率いたジャック・シラクであった。

2007年にシラクの後継となったニコラ・サルコジ大統領は、親米主義を打ち出し自由競争的な経済政策に基づく改革を進めたが、移民問題を軸とする都市と近郊の不安、雇用問題の悪化などで不人気となり一期で退いた。2012年からフランソワ・オランドがサルコジの改革を和らげる努力をしたが精彩を欠き、2017年からは既成政党からの脱却を目指すエマニュエル・マクロンが大統領となっている。

フランスは、英国やドイツなどと並び、西欧諸国における科学技術の中心的な地位を19世紀後半以降占めてきたが、イレーヌ・ジョリオ＝キュリーらがノーベル化学賞を受賞した1935年以降1965年まで、実に30年間にわたり自然科学系のノーベル賞受賞者が出なかった。このような状況を打破するためフランス政府はいろいろな対応を行ったが、その一つが1939年に設立され現在世界最大の研究機関の一つとなっている国立科学研究センター（CNRS）の強化である。CNRSは、第二次世界大戦を挟んで発展し、フランスのさまざまな基礎研究やイノベーションを支えている。

1965年に、フランソワ・ジャコブ、ジャック・リュシアン・モノー、アンドレ・ミシェル・ルヴォフの3名がノーベル生理学・医学賞を受賞し、戦後の荒廃した状況を克服し、フランスの基礎研究の実力を再び世界に輝かせた。

その後21世紀の現在までを概観すると、圧倒的な科学技術力を誇る米国、戦後の経済発展に支えられた日本、21世紀に入り怒濤の経済発展を遂げ急激に科学技術力強化を目指す中国などの影に隠れ、必ずしも先端を行く科学技術の成果を十分に挙げてはいないが、独自の研究システムを築き、英国、ドイツなどと同等の科学技術パフォーマンスを確保している。

3章 経済

図２　主要国の名目GDPの比較（2017年）

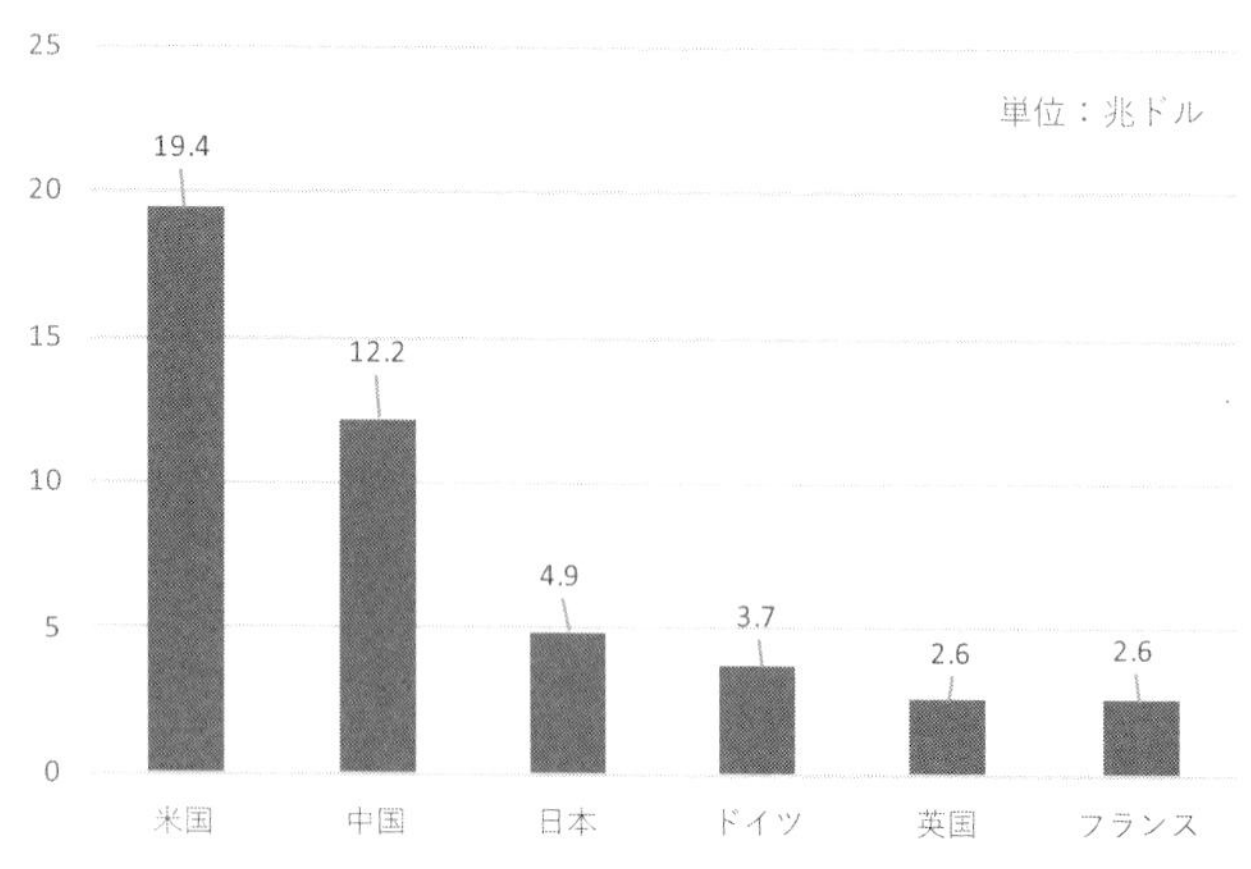

出典：世界銀行のデータをもとに筆者作成

1　経済規模

２０１７年のフランスの名目ＧＤＰ総額は、２兆５８３０億米国ドル（以下「ドル」と略す）で、世界第６位である。図２は、フランスを含む主要国の名目ＧＤＰを比較したものである。米国の約７分の１、中国の約５分の１、日本の約半分である。他の欧州主要国と比較すると、フランスの経済規模は、ドイツよりは小さく英国とほぼ同程度で、欧州では３番目の大きさとなっている。また、フランスのＧＤＰは、ＥＵ加盟国全体のＧＤＰの14・95％を占めており、この比率は、ここ10年やや減少傾向にある。

次に一人あたりＧＤＰであるが、フランスは３万８４７７ドルとなっている。一人あたりＧＤＰの大きさを主要国で比較したのが、図３である。フランスは日本とほぼ同じであり、欧州主要国で比較するとフランスはドイツや英国より小さい。

図３　主要国の１人あたりGDPの比較（2017年）

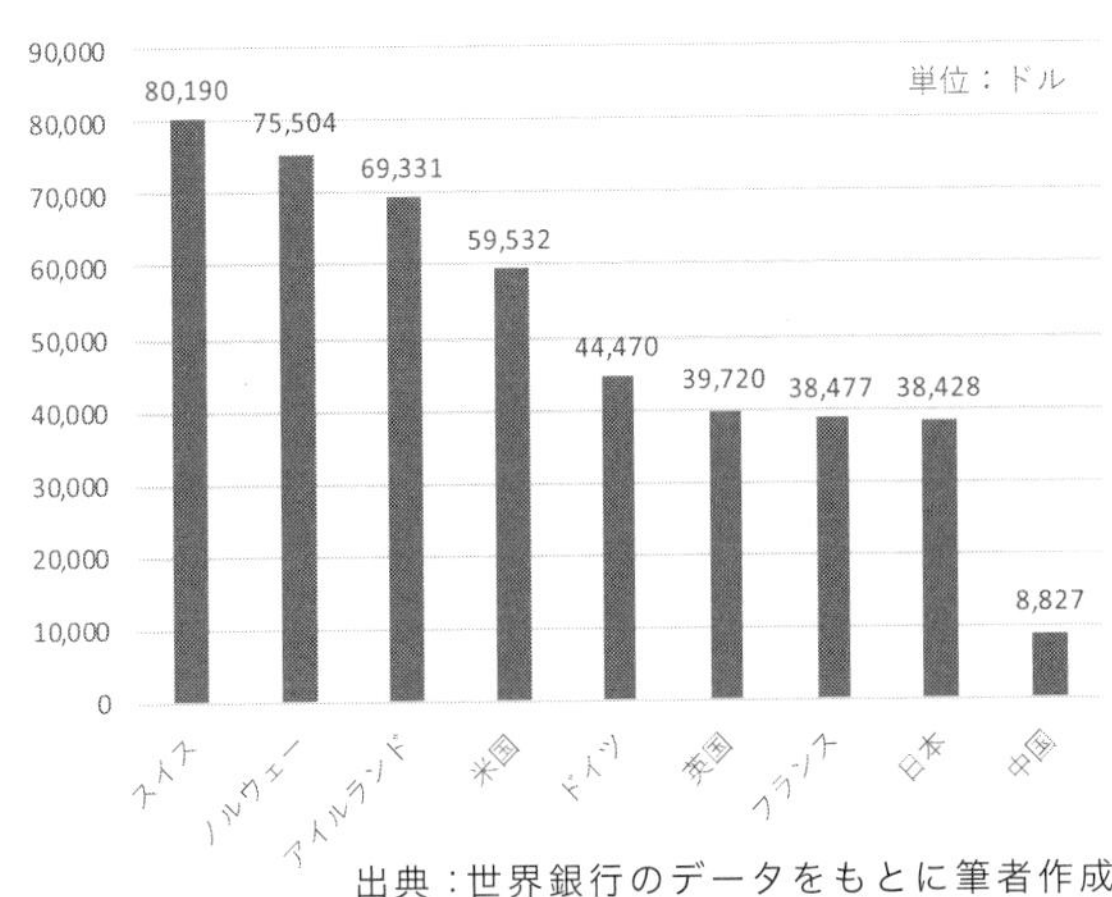

出典：世界銀行のデータをもとに筆者作成

なお、フランスは、毎年ＧＤＰに加えて国の姿を表す指標を数値にまとめ独自に公表している。２０１８年は、研究投資努力、雇用率、赤字国債、収入格差、貧困率、生活満足度、退学率など10件の指標に関わる数値を発表している。

2　経済成長率

次ページの図4は、１９９７年以降のフランスの実質ＧＤＰの成長率の推移を示したものである。過去20年の間にフランスは、数度の大きな落ち込みを経験しており、２００８年９月直後のリーマンショックによる世界的な金融危機の際は、最も大きく落ち込んでいる。２００９年通年で戦後最低のマイナス成長（マイナス２・８７％）を記録した。その後、２０１０年、２０１１年と続けてプラス成長を記録し経済は回復基調に転じたが、欧州債務問題の深刻化に伴って２０１２年以降再び

図４　フランスの実質GDP成長率（％）

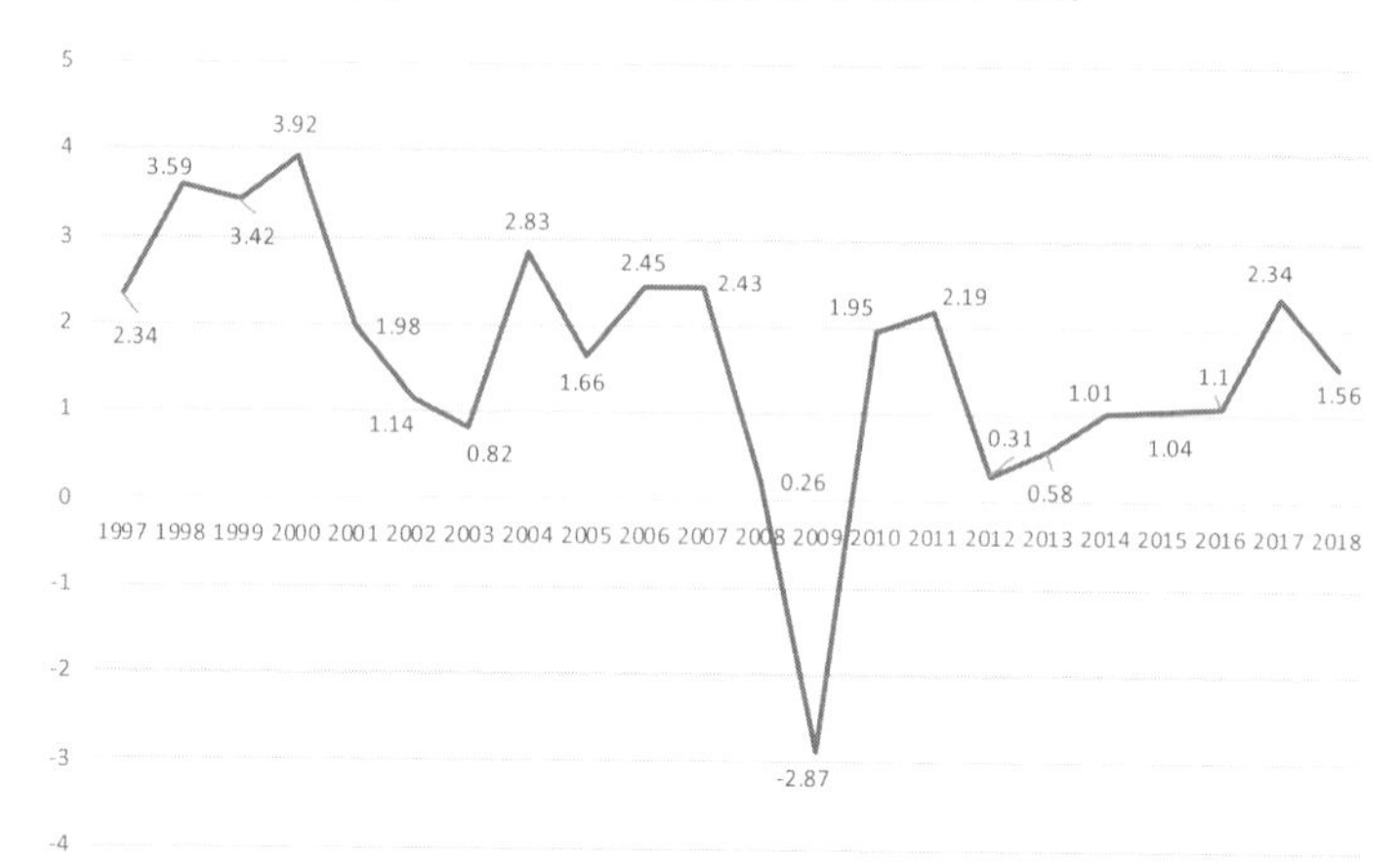

出典：IMFの資料をもとに筆者作成。2018年の数値は、推定値

成長は鈍化した。２０１５年になって景気は緩やかな回復に転じ、成長率は、２０１５年にプラス１・０４％、２０１６年はプラス１・１％となった。２０１７年には景気が顕著に拡大し、ＩＮＳＥＥが２０１８年５月に公表したデータでは、プラス２・３４％を記録した。

3　エネルギー需給

２０１７年のフランス全体のエネルギー需要は、石油換算で約２億８０００万トンに達し、輸送、家庭部門の消費が大きい。供給の内訳は、原子力40％（設備容量63・1ギガワット、19発電所・原子炉58基）、石油29％、天然ガス15％、再生可能エネルギー10％および石炭４％である。電力に限って見れば、原子力が72％を供給している。石油の海外依存度は、日本と同じく99％と極めて高い。再生可能エネルギーは、水力（設備容量25・4ギガワット）、風力（同

11・7ギガワット)、太陽光(同6・8ギガワット)などにより供給されており、電力供給への再生可能エネルギーの寄与は、19・6%となっている(以上、数値はいずれも2017年1月)。なお、温暖化ガスは主として二酸化炭素が占め、発生量は2015年で3億1600万トンとなった。

マクロン大統領は、2018年11月に今後10年間のエネルギー計画を発表している。主な目標は、2025年に原子力による電力供給を50%とし、2030年に電力供給の40%を再生可能エネルギーで賄って1990年の温室効果ガス排出量の40%を削減し、さらに2050年に1990年の温室効果ガス排出量の75%を削減するとしている。

4 貿易収支

フランス税関の統計によると、2017年の総輸出額は4732億ユーロ、総輸入額は5355億ユーロとなっており、貿易収支は赤字である。石油輸入の比重が大きく、かつ価格上昇の影響を受けたとされ、輸出では頼りの航空・宇宙部門でやや減少したこともあり、貿易収支は2016年より悪化している。対中国、対ドイツで赤字幅が大きくそれぞれ241億ユーロ、173億ユーロとなっている(同年)。

主要輸出品目は、原子炉・ボイラー・機械類11・5%、航空機・宇宙飛行体10・0%、自動車8・2%であり、農産物加工品や化学製品が続く。一方、主要輸入品目は、鉱物性燃料16・5%、原子炉・ボイラー・機械類11・1%、自動車8・8%となっている。

図5　フランスの失業率の推移（%）

出典：IMF の資料より筆者作成。2018 年の数値は暫定値

主要な輸出相手国は、ドイツ16・5%、ベルギー7・7%、イタリア7・1%であり、輸入相手国は、ドイツ17・1%、中国（香港を含む）8・2%、ベルギー7・8%となっている。

5　失業率

近年のフランスの失業率の推移は、図5に示すとおりである。1997年には10・89%と高かった失業率は、フランス経済の復調により2008年には7・46%にまで低下したが、同年のリーマンショックを受けて大幅に悪化した。この悪化傾向は2015年頃まで続くが、その後の景気の回復により失業率も少し低下している。しかし、リーマンショックの前の数字までは回復しておらず、全年齢で9・2%（2018年第3四半期）、15歳から24歳で22・3%（2017年）であり、EU加盟国全体の数字である全年齢で6・9%（2018年第2四半期）、15歳から24歳で16・9%（2017年）と比較しても高い。さらに全年齢失業率4%台を維持する英国、ドイツと比較するとフランスは格段に悪い。

図6　主要国の産業構造の比較（2017年）

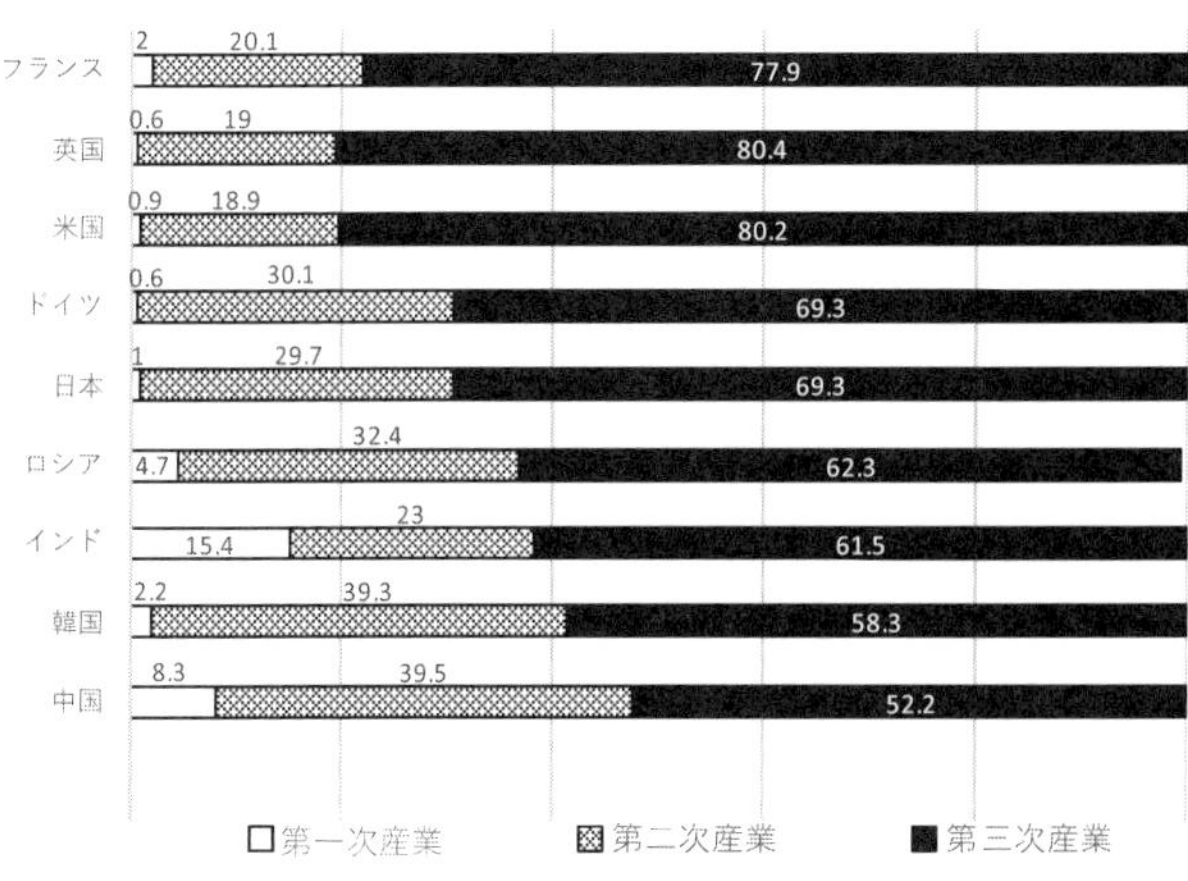

出典：World Factbookより筆者作成

6　産業

(1) 産業構造

名目GDPにおける主要国の産業別割合を図6に示した。フランスは、第一次産業が2%、第二次産業が20・1%、第三次産業が77・9%となっており、サービス業を中心とした第三次産業の割合が他の主要国よりも相対的に大きく、農業などの第一次産業の比率は小さい。

第二次産業の割合は、ドイツ（30・1%）や日本（29・7%）と比較すると低いが、米国（18・9%）や英国（19%）とはそれほど差がない。

(2) 主な民間企業

2017年のFortune500のリストでフランスの企業を調べると、トップ100社内に6社がランクインしている。27位が保険会社であるアクサ（A

XA）、28位が石油・石油化学会社であるトタル、44位が銀行業のBNPParibas、68位が流通・小売業のカルフール、82位が銀行業のクレディ・アグリコル、94位がフランス電力（EDF）となっている。これらの企業は、サービス産業が中心であり、研究開発が業績を左右する製造業が入っていない。100位以下で製造業を探すと、108位に自動車製造業のプジョー、134位にやはり自動車製造業のルノーがランクインしているが、製造業が強いとは言えない状況である。

また、500位以内の企業数を国別に比較すると、1位が米国で126社、2位が中国で111社、3位が日本で52社、4位がドイツで32社と続いており、フランスは、28社で第5位の位置にある。なお、研究開発投資額では、製薬企業サノフィが約6・6億ユーロ（2018年）で、フランスで1位、世界では第19位となっている。

7 欧州の中でのフランス経済の位置付け

(1) EUへの拠出金と再配分

2018年のEUの総予算は約1600億ユーロで、このうちフランスの貢献は、13・8%にあたる約220億ユーロである。EU加盟国内でドイツに次いで2番目の拠出国である。EU予算の半分は、この2か国に英国を加えた3国の貢献である。1982年に3・7%であったフランスの貢献度はこの間、増加の一途であった。一方、一人あたりで見れば約150ユーロと、オランダ、スウェーデンの約300ユーロやドイツ、デンマークの約250ユーロに比べて貢献度は低い。

2015年で見るとフランスにEUから再配分された資金は145億ユーロであった。そのうち90億ユーロは、フランスが域内で最大級の農業生産国であることから、共通農業政策関係への使途であった。その他の再配分資金は、地域開発および研究開発計画関係となっている。

(2) 電力需給

フランスの電力網は、英国、ベルギー、ドイツ、イタリア、スペインおよびスイスの6つの隣国の電力網とつながっており、英国、スイス、イタリアおよびスペインとは、輸出9・8ギガワット、輸入6・2ギガワットの容量で、ベルギーおよびドイツとは、輸出7ギガワット、輸入9・2ギガワットの容量で接続されている。原子力に支えられた電力生産は、欧州一、恐らく世界一の電力輸出国の地位をフランスに与えている。2017年は、74テラワット時の輸出、35・6テラワット時の輸入となっている。

(3) 農業生産

2017年におけるEU加盟国の農業生産総額は、3589億ユーロであり、このうちフランスは16・7%を占め、第1位となっており、次いでドイツ(13・8%)、イタリア(12・1%)、英国(7・2%)と続く。フランスの農業人口は約47・2万人で、都市以外の人口の比率が21・2%(2016年)

とＥＵ域内で最も多く、耕作面積も28・8万平方キロメートルである。また、穀物自給率、食料自給率でいずれも欧州1位で、世界ではそれぞれ第4位（１８６％）、第2位（１３０％）となっている。

一方、２０１７年の統計による農産物の輸出で見ると、第1位はオランダ、第2位はドイツで、フランスは第3位の位置を占めている。フランスの農産物輸出額の63％がＥＵ域内向けである。

4章

科学技術・イノベーション関係機関

ここでは、フランスの科学技術・イノベーション関係機関について、基本的な枠組と各機関の概要を述べる。

1　基本的な枠組

フランスの科学技術・イノベーション関係機関の基本的枠組を示すと、下記の4つの段階に集約される。

①政策の立案・決定…科学技術・イノベーション政策の確立、目標の設定、予算の確保などを行う段階であり、研究戦略会議（CSR）、産業審議会（CNI）、戦略展望総務庁（CGSP）、高等教育・研究・イノベーション省（MESRI）、経済・財務省など関係省が担当している。

②計画策定と資金配分…①の政策を受けて具体的な分野ごとに計画を策定し、課題の優先付けと公的資金の配分を行う段階である。MESRIおよび関係省は、所管の研究活動実施機関への機関補助を、国立研究機構（ANR)、フランス公的投資銀行（Bpifrance)、投資総務局（SPGI）は、公募によるプロジェクト研究等の支援を、それぞれ担当している。

③研究活動の実施…②の資源配分を受けて実際に研究活動を実施する段階で、大別して公的研究機関、大学やグランド・ゼコールなどの高等教育機関、その他の公益的な研究機関が担当している。なお、一部の民間企業および外国機関も公的資金を使用する実施機関であるが、本書での説明は省略する。

図７　科学技術・イノベーション関係機関の基本的な枠組

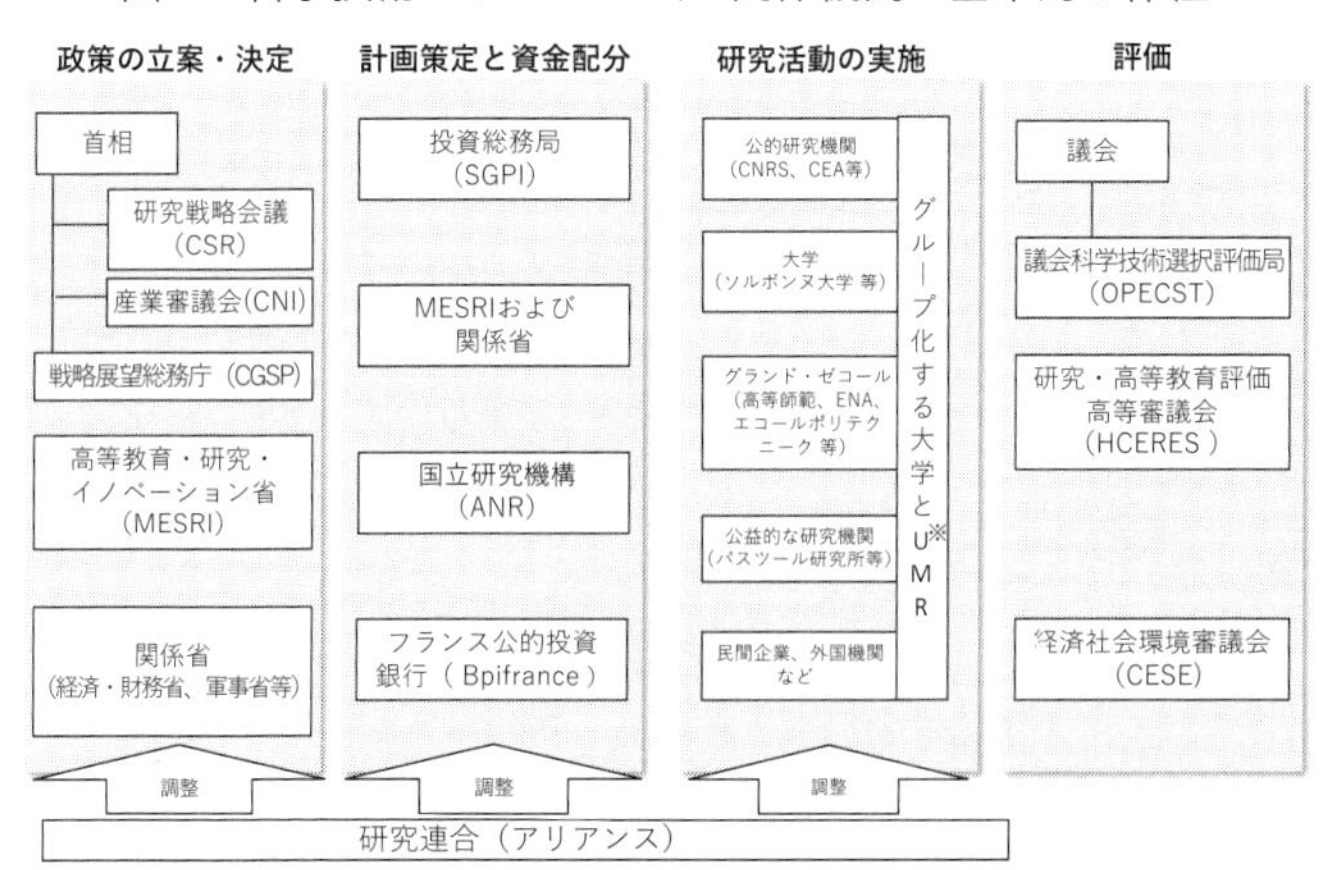

出典：各種資料をもとに筆者作成
※UMRは、大学とCNRS等が設ける混成研究ユニットで、第8章で詳しく述べる。

④評価…研究活動やその実施機関を評価する段階である。研究・高等教育評価高等審議会（HCERES）と議会科学技術選択評価局（OPECST）が担当している。政府や議会に勧告する経済社会環境審議会（CESE）もここに位置付けられる。このほか各省に独立した監査システムが設けられており、さらに会計検査院が会計的な観点にとどまらず政府の行政活動全般の監査を行い、議会に報告している。

この枠組の構造を示したのが図7である。このうち、第三段階の研究活動の実施に関わる公的研究機関および高等教育機関について本章ではその類型と基本的な仕組みを紹介し、具体的な内容は、それぞれ第5章および第6章で主要なものを紹介する。なお、この図には記載しなかったが、大統領府には科学技術顧問が置かれ、高等教育、科学技術・イノ

図８　科学技術・イノベーションに関わる政府の関係機関

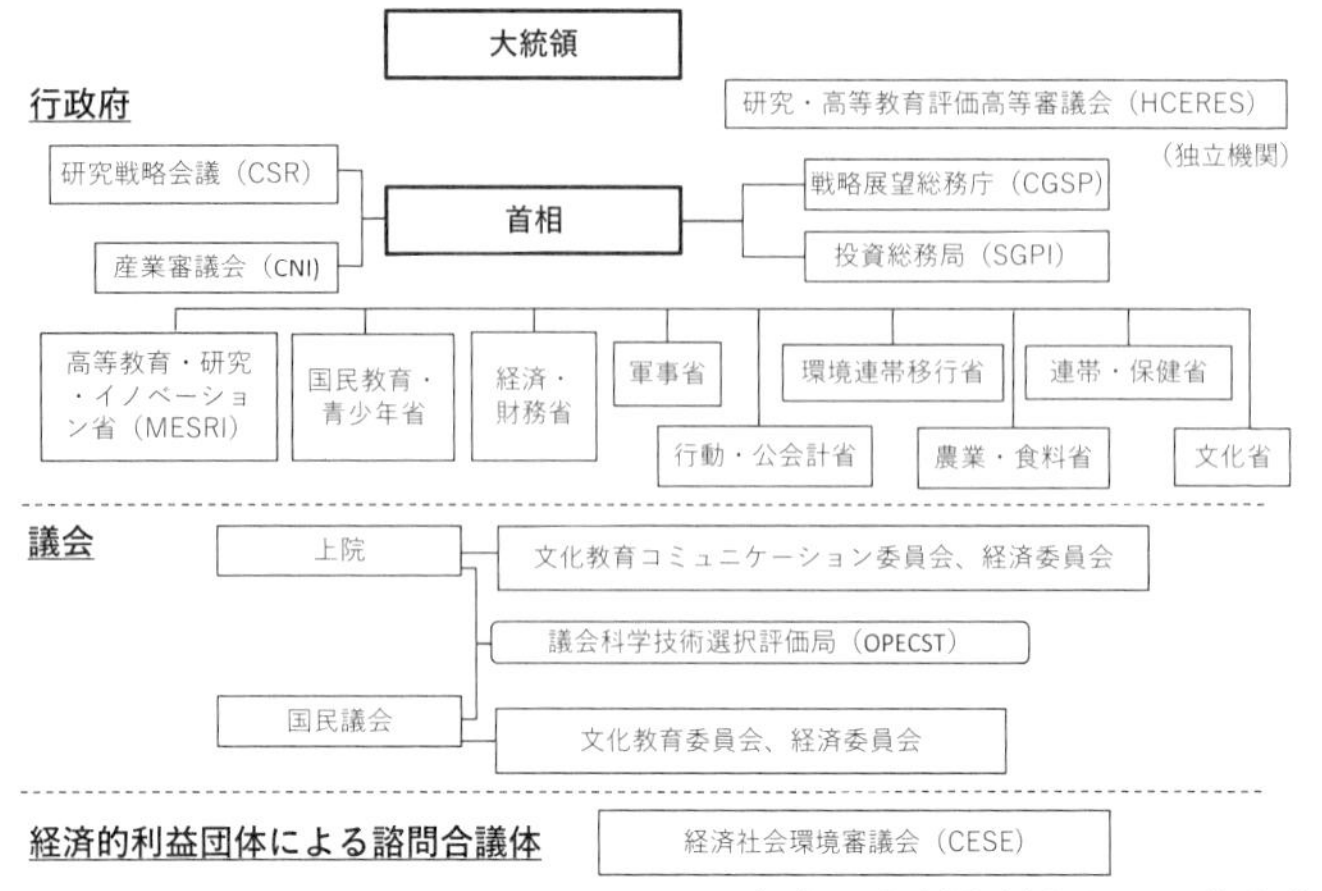

出典：各種資料をもとに筆者作成

ベーションに関わる助言役を果たしている。

フランスの科学技術のシステムには、前述の政策立案・決定から研究活動の実施に至る３つの段階にまたがって組織される研究連合（アリアンス）が設けられている。ここでは政策の立案・決定、計画策定と資金配分、研究活動の実施の各段階から参加する関係者が、政策の実現状況を相互に調整し、対EUへの意見も含め必要な対策を上位の段階に反映させている。具体的には、研究活動実施機関などが参加する会議体で、バイオ、エネルギー、環境、情報および人文社会科学の５つの分野別に設置されており、第10章２（１）で述べる。

なお、政策の立案・決定からその実施に至るまでのプロセスは、特定の利害調整や情報交換の団体からも影響を受ける。時には政治的な性格が加わるため、意志決定などは実際かなり複雑な仕組みで行われることになる。

特に、科学技術・イノベーションに関わる政府の関係機関の概要を示したのが、図8である。

2　政策の立案・決定

以下に政策の立案・決定に関与する政府機関を順に説明する。

一つ強調しておきたいのは、フランスではこれから述べる機関だけで政策の立案・決定が行われるわけではなく、大学や公的研究機関などの多くの関係者を広く巻き込んで議論が行われ、その結論が政府に提言されるという方法がよくとられる。このような関係者を含めた会合を、フランスでは「三部会」(états généraux：エタ・ジェネローと読む) と呼ぶ。三部会の歴史は古く、1302年、フランス王フィリップ4世がローマ教皇ボニファティウス8世と争った際に、王側が聖職者、貴族、平民の三つの身分の代表を招集したのが最初とされる。戦後の科学技術・イノベーションの関係では、1956年に長期的な科学技術体制が議論された「カーン会議」が有名であり、その他2004年10月の「研究を救おう運動」を受けてシラク政権下で開催された「研究に関する総括会議」、2013年1月のオランド政権下で開催された「高等教育・研究に関する会議」などがある。

(1) 研究戦略会議 (CSR)

研究戦略会議 (Conseil stratégique de la recherche：CSR) は、オランド政権下の2013年7月の高等教育・研究法により、従来の科学技術高等会議に代わって首相府に設置された。CSRは、研究に関する国の基本的方向を決定する任務を有する。首相が議長であり（指名された大臣が代行を務めることがある）、国内外から選ばれた科学界、経済界の専門家および議会、地域の代表26名からなる。副議長は、CEA長官も務めたパスカル・コロンバーニ氏で、委員にはノーベル賞受賞者2名、フィールズ賞受賞者1名が含まれる。事務局は、後述するMESRIの研究・イノベーション総局である。

（2）産業審議会（CNI）

産業審議会（Conseil national de l'industrie：CNI）は、2010年に創設された「産業会議」がオランド政権発足後の2013年2月に改組され、首相の下に設置されたものであり、フランスの産業状況を把握し、地域、国および国際レベルで産業再生を果たし輸出を発展させていくための方策を検討し、助言することを目的としている。首相が議長を務め、産業界および労働組合の代表をメンバーとし、人材養成、イノベーション、企業への財政支援、循環経済、企業の国際展開などの戦略的なテーマについて審議を行っている。

マクロン政権になって自動車、デジタル、製薬等産業業種別の活動を強化しているが、基礎研究からイノベーション、産業育成などへ切れ目のない政策を立案する役割が注目される。

高等教育・研究・イノベーション省（MESRI）

（3）戦略展望総務庁（CGSP）

終戦直後に創設された「企画総務庁」の流れをくむ組織が、2013年4月に戦略展望総務庁（Commissariat Général à la Stratégie et à la Prospective : CGSP）として改組された。科学技術・イノベーションを含む公共政策に関わる戦略を展望し策定する任務を有し、政策の実施者との議論を通じて公共政策の評価および調整を行い、必要に応じて政府に勧告を行う首相直属の組織である。この組織は「フランス・ストラテジー」と略称される。事務局員は約百名である。最近の科学技術の課題として、2017年3月に「人工知能の経済的社会的影響の予測」という報告書を取りまとめている。

3　高等教育・研究・イノベーション省（MESRI）

科学技術・イノベーション政策の立案・決定で最も重要な政府機関は、高等教育・研究・イノベーショ

図９　高等教育・研究・イノベーション省の内部組織および所管する機関
（科学技術関係組織を中心に）

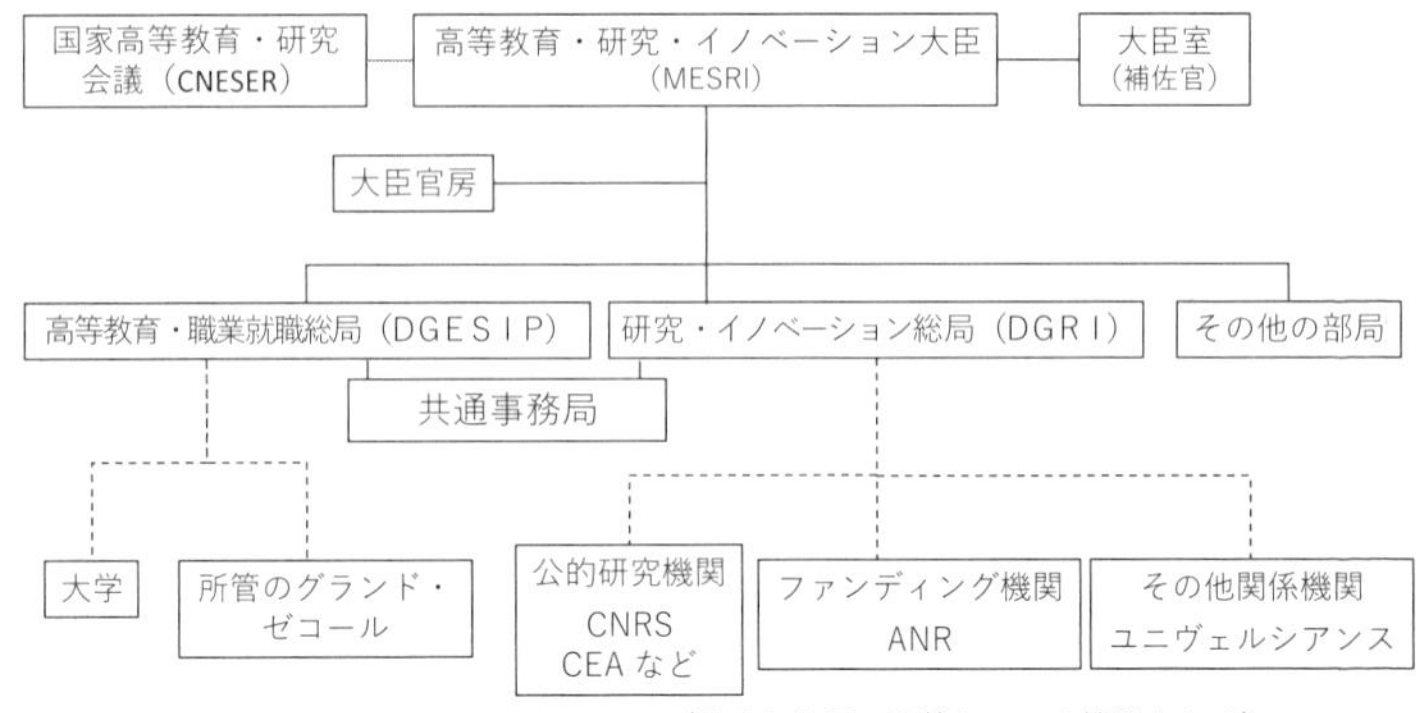

出典：各種資料をもとに筆者作成

ン省である。

（1）概要

高等教育・研究・イノベーション省（Ministère de l'Enseignement Supérieur, de la Recherche et de l'Innovation：MESRI）は、高等教育、研究およびイノベーションに関する政策を担う省である。高等教育と研究に関わる行政が、イノベーションを初めて名称に冠した省の下で行われる、現在のＭＥＳＲＩが誕生した。科学技術関係機関を中心とした同省の組織図は、図９のとおりである。なお、フランスでは、組閣の際、法律の執行を確保する命令（デクレ）によって大臣の所管および権限を柔軟に定めることができ、複数省にまたがる事務事業の調整を一つの省に委ねる体制がとられ、このため特定の大臣がその省の枠を超えて他省の局にも指示を出し、また、協力を求めることができるようになっている。

（2）国家高等教育・研究会議（CNESER）

MESRIに対する独立的な諮問機関で、高等教育・研究に関する国の政策の策定や実施に関し意見具申が行われる。委員数は100名で、うち60名には所管の大学や公的研究機関などの責任者（たとえば後述する大学学長会議（CPU）の代表）、教授、学生、研究者および技術者などが含まれる。残る40名は、さまざまな団体の代表で、たとえば両院の議員、地方自治体の代表および学生保護者などである。通常年3回開催され、うち一度は予算の審議を行う。

（3）研究・イノベーション総局（DGRI）

研究・イノベーション総局は、研究開発・イノベーション政策を担当し、同局に置かれた研究戦略会議（CSR）の事務局を務める運営委員会を通じて関係省の調整を行う。同総局の主たる任務は、

①研究・イノベーション戦略と関係予算案の策定
②政策の優先度を踏まえた実施手段の確保
③省際ミッション（59ページ参照）に関わる資源配分
④産業所管省と協力した産業関連研究・イノベーション政策の策定
⑤研究成果の社会、経済活動への展開政策の策定
⑥目標および達成指標の設定とフォロー
⑦所管の公的研究機関等への資源配分と監督

⑧地域における高等教育機関との協調
⑨国と地域の公的研究機関との契約の調整
⑩大規模研究インフラ（装置、施設のほかデータ・ベース等も含む）の整備に関する優先度の決定

である。以上のほか、科学技術に関する社会問題への対応、評価の実施、科学倫理の確保なども任務としている。

（4）高等教育・職業就職総局（DGESIP）

高等教育・職業就職総局は、高等教育に関する政策の企画立案、大学や所管するグランド・ゼコールなどの高等教育機関の監督などを行っている。同総局と前記の研究・イノベーション総局の間に置かれている共通事務局は、高等教育と研究に関わる調査・統計、地域問題、欧州・国際対応などの共通課題の調整を行うとともに、前述の国家高等教育・研究会議（CNESER）の事務局となっている。

（5）フレデリック・ヴィダル大臣

フィリップ首相の第二次内閣で、フレデリック・ヴィダル氏がMESRI大臣として再任されており、同氏は、マクロン政権発足後一貫してこの職にある。

ヴィダル大臣は、1964年5月にモナコに生まれ、ニース・ソフィア・アンティポリス大学生

フレデリック・ヴィダルMESRI大臣
©Embassy of France in Japan

化学修士課程、パスツール研究所専門教育課程を経て生命科学博士号を取得した。その後、ニース大学科学部副学部長、国立保健医学研究機構（INSERM）外部委員、ニース・ソフィア・アンティポリス大学学長などを歴任している。

4　科学技術・イノベーション関係省

MESRI以外にも、科学技術・イノベーション政策の立案・決定に関与する省がある。

(1)　経済・財務省

産業政策やイノベーションに関与する政府機関として、経済・財務省がある。経済・財務省は、1300人ほどの職員の企業総局を擁しており、この企業総局が企業における競争力強化やイノベーションを所管している。同総局には競争力・イノベーション・企業開発部があり、その中にイノベーション、企業の競争力・魅力、起業活動、研究開発の協力活動を担当するイノベーション・起業活動課がある。

また、経済・財務省は、ＭＥＳＲＩと共同で、原子力・代替エネルギー庁（ＣＥＡ）、フランス公的投資銀行（Bpifrance）、国立情報学・自動制御研究所（ＩＮＲＩＡ）、ＩＮＳＥＥを所管・監督している。

（2）その他の科学技術・イノベーション関係省

ＭＥＳＲＩと経済・財務省以外の関係省は、主としてそれぞれが所管する公的研究機関の活動を通じて、科学技術・イノベーション政策の立案・決定および財政措置等に関わっている。具体的には、軍事省は、国立宇宙研究センター（ＣＮＥＳ）、国立航空宇宙研究所（ＯＮＥＲＡ）、ＣＥＡを、行動・公会計省は、Bpifranceを、環境連帯移行省は、国立自然史博物館、国立海洋開発研究所（ＩＦＲＥＭＥＲ）を、農業・食料省は、ＩＦＲＥＭＥＲ、国立農学研究所（ＩＮＲＡ）を、連帯・保健省はＩＮＳＥＲＭを、文化省は、ユニヴェルシアンス（科学産業都市と「発見の館」の統合機関）を、それぞれＭＥＳＲＩと共同で所管・監督している。

5　政府の研究開発予算と資金配分機関

49ページの図7の基本的な枠組の第二段階目にある計画策定と資金配分であるが、ここでは、まず政府の予算制度と研究開発予算の概況および計画策定について述べたうえで、資金配分機関について説明する。なお、サルコジ政権により導入された「将来への投資計画」という資金に関しては、本書においては、主要な資金源としてたびたび言及されるのでここでまとめておきたい。

（1）予算制度と研究開発予算

①予算制度

フランスの会計年度は、1月1日から12月31日までの暦年であり、２００６年に本格導入された「予算基本法（ＬＯＬＦ）」に基づき予算が策定される。単年度予算が原則であるが、翌年度開始後一定期間における執行、また、不使用の予算の翌年度予算への繰り越しが可能である。また、複数年度事業は、債務負担認可予算として組むことができる。

ＬＯＬＦでは、政府全体で34ある「ミッション」と呼ばれる枠組ごとに予算が組まれ、複数省にまたがるミッションもある（省際ミッション）。各ミッションは「プログラム」で構成され、全体で１３７のプログラムがある。さらにプログラムは「アクション」からなり、全体で約５８０のアクションがある。アクションごとに具体的目標が設定され、実施責任者が明確にされる。

「省際ミッション研究・高等教育（Mission interministérielle Recherche et Enseignement supérieur : MIRES)」は、学校教育、国土政策、保健衛生など9つある複数省が関わる予算の枠組の一つであり、複数省の科学技術・イノベーション関係の予算を取りまとめている（非常に少額ではあるが

ＭＩＲＥＳに属さない予算で公的な研究機関に配分されるものがある）。

政府は、毎年7月にミッションごとの予算要求上限額等を各省に通知し、9月には次年度予算案を閣議決定し、10月第一火曜日までに議会に提出する。予算案は、上院に優先し国民議会先議であり、予算が提出された後70日以内に議決を求められる。議会では予算案にあるミッションの総額を変更することはできず、ミッション内のプログラムを調整したうえミッション単位で議決を行う。

なお、２００１年の予算法以来、成立予算のうち一定比率（２０１９年は人件費０・５％、それ以外３％）の予算を留保することが義務付けられ、一定の手続を経て解除される仕組みとなっている。

②研究・高等教育（ＭＩＲＥＳ）予算と計画策定

２０１８年度予算および２０１９年度予算における、ミッション「研究・高等教育（ＭＩＲＥＳ）」のプログラムや予算額などを表２に示す。２０１９年予算の増額分約5億ユーロのうち主なものは、プログラム１７２および１９３に対する増額によるものであり、欧州宇宙機関（ＥＳＡ）への拠出金増（負債の返還分2・1億ユーロ）、ＡＮＲへの拠出金増（０・８６２億ユーロ）、人件費手当分（０・３５５億ユーロ）、人工知能計画等優先分野への財政措置（０・１７億ユーロ）などが含まれる。従来から導入されているいわゆる留保分がもたらす公的研究機関の運営上の影響が懸念され、また、ＡＮＲへの拠出金は増額されたが、それでも米国や他の欧州諸国に比べて採択率は依然低く留まるなどの課題が残されている。

表 2　MIRES におけるプログラム名等予算の構成（2018 年／ 19 年）

（単位：百万ユーロ）

プログラム番号	プログラム名	担当省	主要な配分先	2018 年度予算	2019 年度予算
150	大学における高等教育と研究	高等教育・研究・イノベーション省	大学、グランド・ゼコール、その他の高等教育機関及び COMUE	13,435	13,601
231	学生生活（奨学金、学生保険等）		大学・学術ネットワーク	2,699	2,706
172	学際的科学技術研究		ANR、CEA、CNRS、INRA、INRIA、IFREMER 等公的研究機関	6,767	6,938
193	宇宙分野の研究		CNES	1,618	1,823
190	エネルギーおよび持続可能な開発、移動の研究	環境連帯移行省	IFPEN（新エネルギー研究所）、IRSN（原子力安全防護研究所）等	1,734	1,727
192	経済産業分野の高等教育と研究	経済・財務省	エコール・デ・ミン、高等電気学校等のグランド・ゼコール、テレコム研究所	777	734
191	デュアル研究（民生及び軍事）	軍事省	CEA、CNES	180	180
186	文化研究および科学文化	文化省	ユニヴェルシアンス（科学産業都市＋「発見の館」）	112	110
142	農業分野の高等教育と研究	農業・食料省	農業技術・食料産業調整組合、農業・畜産のグランド・ゼコール	356	353
	合計			27,678	28,172

出典：2019 年予算案議会提出資料をもとに筆者作成

各省は、このＭＩＲＥＳの各プログラムで決定された予算にしたがって傘下の公的研究機関等の計画を策定し、70ページに述べる「目標達成契約」を締結して機関補助などを実施する。

③「将来への投資計画（ＰＩＡ）」と「大規模投資計画（ＧＰＩ）」

「将来への投資計画（Programme d'Investissements d'Avenir：PIA）」資金は、２００９年６月にサルコジ大統領が、リーマンショックによる経済危機への対応の一つとして大規模借入により措置したもので、通常の予算措置である前述のＭＩＲＥＳとは異なるミッションとして設定されている。市中銀行や年金基金からの借金により政府が資金を調達し、その資金そのものを費消する場合と、一定の金利で運用することにより生じる利益を費消する場合がある。なお、この借金は、ＥＵが規制している単年度の政府の赤字額（新規国債発行額）に勘定されないこととなっている。

ＰＩＡの第一弾（「ＰＩＡ１」とも呼ぶ）は、２０１０年から開始され、主な配分先は高等教育・研究・イノベーションの支援（１６０億ユーロ）、革新的中小企業の支援（20億ユーロ）、ライフサイエンスの加速（20億ユーロ）などで、45プロジェクト、総額３５０億ユーロに上る。

第二弾（「ＰＩＡ２」とも呼ぶ）は、２０１４年の開始で、高等教育と人材養成、基礎研究と産業への活用、デジタル経済など31プロジェクト、総額１２０億ユーロとなった。

２０１６年にＰＩＡの評価が実施され、既存予算の不足分への補充・置き換えや、ばら撒きにならないよう注意喚起がなされたうえで、第三弾（「ＰＩＡ３」とも呼ばれる）が開始された。２０１７

年までのＰＩＡ３の投資総額は、１５６億ユーロに上る。

このようにＰＩＡ１、ＰＩＡ２、ＰＩＡ３と順に実施されてきたが、現在これらはいずれも継続して実施されている。

マクロン大統領は、大統領候補の時からフランス産業の再生、デジタル転換、競争力向上などに取り組む方針を示しており、大統領就任後の２０１７年9月、マクロン政権5年間にわたる新たな「大規模投資計画（Grand plan d'investissement：GPI）」を発表した。このＧＰＩは、前記のＰＩＡと同様の考え方によるイニシアティブであり、ＰＩＡ３がＧＰＩの一部を構成する形にもなっている。

ＧＰＩの柱は、エコロジカルな転換の加速（２００億ユーロ）、能力の高い社会と雇用の創造（１５０億ユーロ）、イノベーションと競争力の強化（１３０億ユーロ）、デジタル政府の構築（90億ユーロ）で、総計５７０億ユーロを投入する予定である。これらＧＰＩの柱の中で、イノベーションと競争力の強化では、世界レベルの大学の創出（35億ユーロ）、人工知能、ナノテクノロジーなどの分野における企業のイノベーション力の向上（46億ユーロ）、農業・漁業・食料確保等における革新的機器の活用（50億ユーロ）という具体的な分野とその投資額が設定されている。

ＰＩＡおよびＧＰＩの資金は、ＡＮＲおよびBpifrance の事業（次項参照）、ＩＤＥＸなど高等教育機関のラベル化（第10章1（３）参照）などにも投入されている。事務局は、後述する投資総務局（ＳＧＰＩ）が担い、監視委員会が計画の遂行、評価を行う。２０２０年にはＰＩＡとＧＰＩの評価が行われ、以降の投資計画が検討される予定である。

（2）資金配分機関（ファンディング機関）

①国立研究機構（ＡＮＲ）

国立研究機構（Agence nationale de la recherche：ANR）は、２００５年にそれまでの国立科学基金と技術研究基金が公益団体として統合された後、２００７年1月、公益団体から行政的性格の公的機関（ＥＰＣＡ）に格上げされ設立されたものである。ＡＮＲは、フランスのプロジェクト研究費の主たる配分機関である。ＡＮＲは、ＭＥＳＲＩの研究・イノベーション総局の監督下にある。

ＡＮＲの任務は、社会経済上の優先度を踏まえて政府が研究機関とともに選定した研究領域における研究を支援し、創造性ある新分野を開拓し、新しいパートナー形成を促進し、また、学問分野間の相互交流を推進し、官民の関係の強化を図ることにより、科学技術の発展に寄与することである。ＡＮＲに置かれた運営委員会がその運営にあたり、ＭＥＳＲＩの推薦により大統領が指名する者が同委員会会長となる。２０１９年現在の会長は、高等師範学校の出身でＣＥＡの要職も長く務めた微生物学者のティエリー・ダメルヴァル氏である。２０１７年12月末現在で、ＡＮＲの職員は、３０２名（フルタイム換算、女性比率62％）である。予算は、２００５年創設時の6・72億ユーロから２００８年には８・５８億ユーロまで順調に増額されたが、その後減額傾向となり２０１５年には5・６１億ユーロとなった。上院等の報告もあり２０１６年度以降は継続して増額が図られ、２０１９年度予算は、８・６億ユーロ（１０７５億円、１ユーロを１２５円で換算。以下本書において同様）となった。フランス全体の研究開発費約５００億ユーロに比較すると、ＡＮＲが配分するプロジェクト研究費の規模は全体の約1・7%と非常に小さい。複数年予算計画法案準備に向けて参照されている2018年7月の国民議会報告は、さらにANR予算の増額を求めている。

ANRは、2016年～2019年の目標達成契約（70ページ参照）に基づく年度計画に沿って活動を行う。年度計画は、国家研究戦略（SNR）や高等教育・研究白書などを踏まえつつ、5つの研究連合やCNRSと連携して策定されている。2019年度の年度計画においては、環境、エネルギー、材料など35の重点課題、デジタル、保健・社会・環境などの13の横断的課題が設けられ、特に政府の方針を踏まえて人工知能、人文社会科学、量子技術、自閉症、希少疾病治療を優先することとしている。ANRの支援は、大学、公的研究機関の基盤的経費を補完するものと位置付けられ、「白紙研究」と言われる公募によるプロジェクト的研究に主に支出されている。

公募によるプロジェクト的研究には、協力プロジェクト（PRC）、国際協力プロジェクト（PRCI）、企業協力プロジェクト（PRCE）および若手研究者プロジェクト（JCJC）の4支援プログラムがある。このほか特定公募として、企業との共同ラボ形成支援プログラム、企業と大学の講座支援プログラム、欧州・国際レベルでのネットワーク形成と欧州研究会議（ERC）への橋渡し支援プログラムの3区分が設けられている。ANRもERC等EUの枠組プログラムへの参加を支援している。以上に加えてカルノー機関への支援プログラムがある。

審査は、分野ごとに設けられた審査委員会により一次審査（事前審査）、二次審査（本審査）の二段階を経て行われ、通常、応募から採択まで1年近くを要する。二次審査に先立ち外部の専門家によるピアレビューが行われる。このピアレビューは約８５００人の専門家に依頼されるが、そのうち外国人が占める比率は58％である。二次審査では、必要に応じ申請者への照会がなされる。審査プロセス全体は、守秘義務、利益相反の防止、透明性の確保などの厳格な基準に沿って行われる。最終的には審査委員会が共同して採択課題のリストを作成する。なお、ＡＮＲには、外国のファンディング機関との共同支援を行うためＡＮＲが審査を担う制度もある。

ＡＮＲは、創設以来1万７０００件以上のプロジェクトを支援してきている。２０１７年の一般公募では、応募総数７２５９件に対し採択件数は１０６３件で、採択率は13・3％である。２０１０年の採択率は21・3％であったが、最近の予算の減額により低下している。採択された研究者が属する機関は、53・7％が公的研究機関（ＣＮＲＳは31・8％と最も多い）であり、大学は24％である。

ＡＮＲは、２０１０年にＰＩＡに関わるプロジェクトの配分機関として指定され、課題選定、予算執行、成果の評価などを担っている。また、２０１１年より、軍事省の軍事総局とともに国防研究・イノベーション特別支援プログラム（ＡＳＴＲＩＤ）を推進してきている。

②フランス公的投資銀行（Bpifrance）

フランス公的投資銀行（Banque publique d'investissement France：Bpifrance）は、１９９０年代中盤に統合されてできた複数の銀行等（ＯＳＥＯなど）が、オランド大統領の公約に従い２０１２年12月末にさらに一つに統合され、国が50％の株式を保有する投資銀行となったものである。

Bpifranceは、行動・公会計省、経済・財務省およびＭＥＳＲＩの監督下にある。

Bpifranceは、地域と連携して中小企業を中心とする企業のさまざまな活動を支援し、戦略的分野に投資を行うことを任務とする。２０１７年末時点で総額１２０億ユーロの投資を行っている。

科学技術・イノベーションの活動としては、スタートアップ企業や中小企業などが国内外で行うイノベーション事業に投資を行って競争力を向上させ、雇用を創出する業務を、財務部門が実施している。投資分野は、デジタル転換、産業のエコロジー・エネルギー転換、バイオなど未来への戦略的分野となっている。支援は主に融資の形でなされるが、若干ではあるが補助金、信用保証、共同出資などでも行われる。

③投資総務局（ＳＧＰＩ）

将来への投資計画（ＰＩＡ）が開始された２０１０年1月に、その事務局として「投資総合委員会」が設置された。さらにマクロン政権移行後の２０１７年12月、前述のＧＰＩが開始された際、この投資総合委員会から「投資総務局（Secrétariat général pour l'investissement : SGPI）」に改組された。ＳＧＰＩは、関係省との密接な協力の下、ＰＩＡやＧＰＩの資金を配分・管理している。同局には、事務局長および事務次長のほか、デジタル担当、研究実用化担当、バイオ・医療担当など各プログラム担当の部長が置かれている。

このＳＧＰＩの業務は、「将来への投資監視委員会」によって監査される。同委員会の構成員として、委員長のほかに学識経験者7名と、上院から4名、国民議会から4名、計8名の国会議員が任命されている。

6 研究活動実施機関に関わる基本的な仕組み

49ページの図7の基本的な枠組の第三段階目にあたる研究活動を実施する機関は、その性格により類型化されており、また、それぞれ政府と契約を締結して運営されている。

(1) 研究活動実施機関の類型

研究活動実施機関には、特定の政策を実施する自立した公的機関（Établissement public）として、以下の類型を有するものがある。

①科学・技術的性格の公的機関（ＥＰＳＴ）…研究に特化した公的機関に対して与えられる法人格で、職員は公務員の性格を有する。ＣＮＲＳ、ＩＮＳＥＲＭなどの8機関で、その研究者総数は、約3万4００人である（２０１6年）。

②産業・商業的性格の公的機関（ＥＰＩＣ）…産業・商業分野に特化した公的機関に与えられる法人格で、職員は非公務員である。ＣＥＡ、ＣＮＥＳなどの6機関で、その研究者総数は、約1万58００人である（２０１6年）。

③行政的性格の公的機関（ＥＰＣＡ）…行政サービスを提供する公的機関に与えられる法人格で、

代表的な機関としては、すでに本章5（2）①で取り上げたファンディング機関のANRがある。

④科学・文化・専門的性格の公的機関（EPCSCP）…2013年7月の高等教育・研究法により新たに改定された法人格で、大学、グランド・ゼコールや後に説明する大学・高等教育機関共同体（COMUE）などがこの法人格を持つ。また、EPCSCPの中に、歴史的背景や選抜方法において特殊な位置を占める一段高い「高等機関」があり、コレージュ・ド・フランス、一部のグランド・ゼコールなどが、これに該当する。大学、グランド・ゼコールなどの研究者数は、約6万2700人である（2016年）。

⑤科学協力財団（FCS）…公的研究に協力する非営利目的の民間法人で、代表的な機関としては、パスツール研究所がある。

⑥1901年法による協会（Association）…1901年の協会契約に関する法律により設立された非営利目的の団体で、再編・グループ化した大学の一形態、競争力拠点（第10章3（2）参照）の管理組織などが相当する。

以上の類型に属する機関は、大学等を除き合計35機関に上る（巻末の研究機関リスト参照）。本書では、①と②をまとめて公的研究機関と総称する。また、後に述べる科学アカデミーを含むフランス学士院は、これらとは別に大統領の庇護の下の独立機関として位置付けられている。

（2）基本的な実施の仕組み

公的研究機関は、国の科学技術・イノベーションの基本的政策であり、第9章2（1）に述べる国家研究戦略（SNR）に基づいて、優先的課題および目標とその達成度を表す指標を定めた「目標達成契約」をMESRIなどの所管省との間で締結する。契約期間は、制度上平均3年である。公的研究機関は、この契約に沿って他機関との連携・調整を図り「年次計画」を毎年策定し所管省の承認を受けたうえで、研究活動を実施する。公的研究機関による公的資金の執行は、全て公的会計基準が適用され、所管省の監督によりその適正かつ公正な運用が確保され、加えて会計検査院の監査の対象となる。

一方、大学等の高等教育機関は、再編を進めつつ連携するいくつかの大学等と共同して複数年の「サイト契約」（第10章1（2）参照）をMESRI等との間で締結し、同契約に参加する大学等の共通の目標を達成するため、具体的な指標を設けた計画を毎年策定している。高等教育機関における公的資金の執行は、公的研究機関の場合に準じている。

7　評価機関

49ページの図7の基本的な枠組の第四段階目にある評価に関する機関は、次のとおりである。

（1）議会および議会科学技術選択評価局（OPECST）

議会は、法律の制定や予算の承認などを通じて政府の活動を監視する立場にあり、科学技術・イノベーションは、国民議会では「文化教育委員会」と「経済委員会」が所管し、上院では、「文化教育コミュニケーション委員会」と「経済委員会」が所管する。両院ともさまざまな課題に対する勧告をまとめ、政府の対応を促している。

一方、議会には、「議会科学技術選択評価局（Office parlementaire d'évaluation des choix scientifiques et technologiques：OPECST）が設置され、「議会の選択を説明しその結果を掌握すること」を目的として「情報を収集し、評価を行う」ことを任務としている。ＯＰＥＣＳＴは、両院各18名の議員で構成され、両院が共同して運営している。会長と副会長は、両院から交替で選ばれる。

ＯＰＥＣＳＴは、メディアに公開される公聴会を開催し、科学技術に関わる問題や議会からの説明要求のある課題に関する審議を行っている。さらに１９９７年より、さまざまな課題について「調査の日」を設けており、これまでインターネット管理、放射線治療、バイオ燃料、医療の個人情報、金融市場での科学技術の役割、ウイルス性感染症などを取り上げている。

（2）研究・高等教育評価高等審議会（HCERES）

研究・高等教育評価高等審議会（Haut Conseil de l'évaluation de la recherche et de l'enseignement supérieur：HCERES）は、政府から独立した評価機関である。サルコジ政権の２００７年に、

「２００６年研究計画法」を受けて設置された研究・高等教育評価機構（ＡＥＲＥＳ）が改組されたものである。２００９年に予算の増額が図られた際、科学的な優位性を定量的に評価して資源配分を行う制度が導入され、学生数や論文数などに基づく評価を行うこととなった。しかし、この制度に対する研究者の不満は大きく、その後オランド政権になってＡＥＲＥＳが改組され、ＨＣＥＲＥＳによる機関評価に変わっていった経緯がある。

ＨＣＥＲＥＳは、機関評価、研究ユニット評価、人材養成・学位授与活動評価の３つの評価を通して研究、教育の質を向上させることを任務とし、ＭＥＳＲＩの予算会計監査官が予算措置を担当する。ＨＣＥＲＥＳには、会長の下、地域調整局、機関評価局、研究局等８つの部局がある。２０１７年現在の職員は２２５名で、うち１００名が「科学顧問」の肩書きで従事する専門家である。科学顧問は、専門家委員会の編成、運営および評価の取りまとめを担っており、61名が大学などの教職研究員、20名が企業の研究者、19名が公的研究機関の研究者で、いずれも出向者または派遣者である。

ＨＣＥＲＥＳは全国を5つの区域に分け、5年に一度、ある区域における機関や活動の評価を行う。２０１８年／１９年の場合、大学、グランド・ゼコール、公的研究機関等59機関、研究ユニット５１０か所、人材養成活動１１６８件、博士課程43課程に関する評価がなされる。5年間の評価対象件数は、約1万件に上る。評価は、毎年平均約４５００人の国内外の専門家に依頼して、ピアレビューにより行われる。評価の重複を排除するため、他の評価が行われた場合、ＨＣＥＲＥＳは、その評価手法の有効性のみを確認する（２０１６年にＣＮＲＳが独自に評価を行いＨＣＥＲＥＳがその手法を評価した例がある）。

ＨＣＥＲＥＳには、研究倫理局が設置されており、国際基準に則って高等教育・研究に関わる科学的な倫理を確保すべく倫理綱領の徹底などによる指導、情報提供等必要な支援を行っている。同局の活動を監督するため「研究倫理審議会」が設けられている。

なお、ＨＣＥＲＥＳ自体も、その業務方法と機能に関して、欧州高等教育品質確保機関協会（ＥＮＱＡ）より5年ごとに評価を受けている。

（3）経済社会環境審議会（CESE）

経済社会環境審議会（Conseil économique, social et environnemental : CESE）は、選挙で選出される議員とは異なる社会階層の構成員である企業経営者、労働者、行政サービスを受ける市民などから選ばれた代表からなる機関として、変遷を遂げつつも19世紀以来機能しているフランス独特の評価の仕組みである。委員は、さまざまな職種（労働者、農民、経営者など）や社会的団体（家族団体、共済団体など）から２３３名が選出され、18の分科会に分かれて社会、経済および環境など国民生活に密着する課題について審議し、議会および行政府に意見を提出している。科学技術・イノベーション関係では、これまで農業イノベーション、競争力拠点などについて意見を提出している。

5章

公的研究機関と公益的な研究機関

ここでは公的研究機関の代表例としてCNRS、CEA、CNES、INSERMについて述べ、さらにパスツール研究所など3つの公益的な研究機関を概説する。

1　国立科学研究センター（CNRS）

CNRSは、フランス最大の研究機関であり、大学等の高等教育機関とも広範にわたって連携・協力した活動を進めている。その活動の中心となる混成研究ユニット（UMR）については、第8章で詳しく述べる。

(1) 沿革

第二次世界大戦勃発直後の1939年10月、当時国内に40ほど散在していた公的な基礎研究所・応用研究所を一つにまとめ、国家の意図を反映する研究組織へと再構築し、国立科学研究センター(Centre national de la recherche scientifique : CNRS) を創設した。設立当初は時局の要請もあり応用研究に軸足が置かれたが、第二次世界大戦の収束とともに基礎研究を中心とした研究機関となった。

戦後、ド・ゴール政権は、研究開発に大規模な投資を実施し、その一環としてCNRSを拡充した。1950年代から60年代にかけて、CNRSへの予算は急速に増加し、人員や研究所の数も飛躍的に伸びた。CNRSなど国の研究機関の役割が大きくなったことを受けて、政府は1966年、高等教

国立科学研究センター（CNRS）パリ本部

育とCNRSの関与のあり方を再検討したうえで、後にUMRにつながる「連携研究室」を導入した。また、大規模な研究インフラの設置・運営を促進するため、新たな研究部門として、1967年には天文・地学研究部門、1971年には素粒子物理学部門が創設された。

1984年、それまで契約雇用であった研究者・研究支援者が全て国の直接雇用となり国家公務員として正規職員の身分を保障された。

(2) 任務

CNRSの任務は、科学の進歩と経済的、社会的および文化的な利益をもたらすあらゆる研究を実施し、その研究の成果を実用化し、また、研究を通じた人材養成に貢献することである。このため知識の先端を開く基礎研究を推進し、研究ユニットを構成して大学等の研究の進歩に貢献し、また、

プチCNRS 理事長（中央）、野依CRDS センター長（右）、
マルヴァルCNRS 日本・韓国・台湾事務所代表（左）

技術開発プロジェクトを実施し、必要に応じて大規模研究インフラの運営に参加する。

（3）組織、人員および予算

ＣＮＲＳは、科学・技術的性格の公的機関（ＥＰＳＴ）で、所管はＭＥＳＲＩである。常勤職員総数は２０１７年で３万１６１２人、うち研究者は１万１１７９人、研究技術者等は１万３３４９人となっている。職員の国籍は90か国に達し、平均年齢47・9歳、女性比率は34・6％である。期限付契約の研究者は２３００人以上、博士課程学生数は１７００人近くでその出身国は70か国に上る。２０１６年および２０１７年それぞれの約３００人の新規採用研究者のうち３分の１が外国人であった。なお、２０１８年の新規採用研究者数は前年の３００人から２５０人に減少している。

ＣＮＲＳの本部はパリにあり、フランス全土に地域代表部が18ある。CNRSの理事長は、アントワーヌ・プチ氏で運営会議の議長も務める。プチ理事長は、情報科学の博士号取得者で数学の教授資格を有している。本部には、理事長の下に「科学総局」、「運営管理・研究支援総局」、「イノベーション総局」の3つの総局がある。また、これらの総局をそれぞれ担当する副理事長が3名置かれている。

「科学総局」は、各分野の研究開発を総括、支援し、かつ分野横断的なパートナーシップの形成を推進している。所属組織として10の研究部門（instituts）のほか、大規模研究インフラ委員会、欧州研究・国際協力部、科学技術情報部、公的機関連携支援部、分野横断・学際イニシアチブミッション部、データ計算部および科学研究国家委員会（CoNRS）事務局が置かれている。10の研究部門は、化学、生態学・環境学、物理学、原子核・素粒子物理学、生物科学、人文社会科学、数学、エンジニアリング・システム科学、コンピュータ科学、地球科学・天文学の分野からなり、それぞれ部門長と部門長代理が置かれている。第8章で詳しく説明するUMRを含めた1143の研究ユニットは、これらの研究部門にいずれかに属しており、複数の研究部門に属することもある。それぞれの研究部門は、人員配置や予算配分を通じて所属の研究ユニットの戦略的運営を行い、また、地方自治体による地方振興予算のうち科学技術予算の策定にも参加する。

「運営管理・研究支援総局」は、予算、人事等管理的な事務をとおして地域代表部および研究部門の運営支援にあたり、「イノベーション総局」は、企業との協力関係の構築を支援する。

地域代表部は、本部と協調しつつ人事、財務、法務、調達などの事務を行い、大学などの高等教育機関および地方自治体と研究ユニットとの間の調整にあたる。

以上のほか、研究倫理、内部監査、コミュニケーションなどを所管する部局が設けられている。また、ＣＮＲＳは、フランスの研究開発の国際的な展開にも努力しており、現在、ワシントンＤＣ、リオデジャネイロ、ブリュッセル、プレトリア、ニューデリー、北京、東京、シンガポールの8か所に駐在代表を置き、国際協力を推進している。

２０１７年のＣＮＲＳの収入合計は、約35億ユーロで、国からの機関補助が約27億ユーロと全体の約78％を占める。プロジェクト研究費等研究者の裁量により使用できる研究費は、ＡＮＲ、ＥＵのＥＲＣ、ＰＩＡおよび地方自治体等の研究費、企業などの委託費となっており、これらについては第7章4で具体的に述べる。一方、支出は、同じく２０１７年に約33億ユーロで、分野ごとの内訳は、生物科学18％、化学11％、人文社会科学10％、天文学10％、物理学9％などである。また、経費別では約73％が人件費に充当され、研究費、機器管理費、施設管理費、技術移転などの経費が続く。

ＣＮＲＳは、大型望遠鏡や加速器のような大型施設のみならず、データ・ベース、観測網、コホート集団などを含む約80の大規模研究インフラを整備、運営し、国内外で主導的な役割を果たしている。大規模研究インフラ委員会が担当する。このような大規模研究インフラ整備費は、２０１７年で約1億ユーロとなっている。この研究インフラの計画は、ＭＥＳＲＩや欧州の研究インフラ戦略フォーラムが策定するロードマップと連携している。

（4）科学研究国家委員会（CoNRS）

CNRSには、3つの総局などから独立した科学研究国家委員会（Comité national de la recherche scientifique : CoNRS）が設置されている。CoNRSには、常設の事務局と以下に記す4つの委員会組織があり、その委員は、CNRSの職員やCNRSの研究活動に造詣の深い外部の専門家から選挙によって選ばれる委員と、所管大臣やCNRS理事長などから指名される委員で、下記に示す合計1236名で構成される。委員には外国人も含まれ、任期は4年である。

①科学審議会…CNRS全体に関わる方針・活動への提言を行う。委員数30名。

②10の研究部門の科学審議会…研究ユニットの創設や改廃などに関し、研究部門長への提言や答申を行う。各部門24名で合計240名。

③41研究分野ごとの分科会（SECTIONS）…研究者の研究活動などの評価、研究者採用にあたっての審判団の結成、ユニットにおけるプロジェクト評価などを行う。各分科会21名、合計861名で、全領域の科学的成果および研究活動の評価を網羅しており、科学的進歩に応じて適宜メンバーの更新が行われる。

④分野横断委員会…分野横断研究に資する研究者の採用のための審判団の結成、分野横断研究にあたる研究者の活動やそのキャリア形成、分野横断研究への展望などに関する提言を行う。委員数105名。

CoNRSは、UMR等のユニットの評価、見直し作業および研究者の個人評価において重要な機能を果たしている。UMR等の改廃のための評価については、随時研究部門側が必要とする時点でUMR等の方針が提案され、部門長と各分科会の委員長および選ばれた数名の担当委員との間の密接な協議を踏まえて、CoNRSとして研究の方向を助言する。法令に基づくHCERESの5年ごとの評価の前には、その準備作業を支援し、かつ、HCERESの設ける専門委員会自体にも参加し評価の取りまとめに協力する。

このCoNRSの業務の範囲は、CNRSにとどまるものであるが、次項および第8章4に示すようにフランスの研究システムの中でのCNRSの比重が大きいため、CoNRSで示された内容や方向性は、結果としてフランスの研究開発全体の動向を決定付けていると言える。

なお、INSERM、INRAなどにも同様の任務を有する科学委員会が置かれている。

(5) フランスの研究システムへのCNRSの貢献

CNRSは、圧倒的なポテンシャルをベースとしてフランスの研究システム全体に大きな貢献をしている。代表的な例は第8章に述べるUMRや前述のCoNRSの活動であるが、ここではそれ以外の点を述べる。

まず、第10章1(1)で述べる大学や公的研究機関の連携・協力の強化への貢献である。国は、フランスにある大学等の高等教育機関を、地域を中心にグループ化し、統合、大学・高等教育機関共同体(COMUE)、あるいはアソシエーションのいずれかの組織を選択することを促した。一方、C

ＮＲＳに対しては、ＣＯＭＵＥ等に参画することを通じ大学等の高等教育機関の再編に直接関わり、イニシアティブエクセレンス（ＩＤＥＸ）などの具体的な国の支援策を共同運営するなど、重要な役割を求めている。２０１８年5月現在、ＣＮＲＳは、再編・グループ化された26の大学のうち16と協約を結び、それぞれの地域における戦略的な研究分野の策定に参加している。ＣＮＲＳが多くの大学の研究現場に関わることにより、大学間に見られる異なる運営制度やその運用に均質性をもたらす効果もあると言われている。

プロジェクト研究費を運営するＡＮＲに対する貢献も重要である。ＡＮＲのプログラムは、分野別に大学や公的研究機関が参加している研究連合（第10章2(1)参照）の調整を経て策定される計画に従って運用されるが、ＣＮＲＳは、この研究連合の全てに参加している。また、ＡＮＲへの申請は、国外の研究者も含む審査員により審査されるが、多くのＣＮＲＳの研究者がこの審査に参加している。さらにＨＣＥＲＥＳの機関評価にもＣＮＲＳの研究者は深く関与している。

なお、２０１６年に行われたＣＮＲＳ独自の諮問委員会が行った評価では、ＣＮＲＳと大学の近年の密接な協力を評価しつつも、数学研究部門による貢献の好例を参考にして、より多くの研究者が高等教育に携わるべきであると指摘している。ストラスブール大学では、ＣＮＲＳの研究者と大学の教授クラスが数名でチームを形成し、一定枠の教育を共同して施す仕組みを開始している。

（6）主な研究成果

フランスの論文数に占めるCNRSの貢献の度合いは後述するように約37％であるが、さらに世界のトップ10％の論文におけるシェアは、約4％となっている。一方、特許出願件数は、国家工業所有権機構（INPI）への2017年の申請数が405件とCEAに次ぐ国内第5位であった。2013年から2017年の5年間の合計では3700件の特許が申請されている。

CNRSは、技術実用化を任務とするカルノー機関（第10章3（3）参照）でも重要な役割を果たしており、関係する研究ユニットは150に上る。

（7）技術移転

CNRS由来の起業件数は、1999年以来2018年までの累計で約1400件であり、平均では年間72・2件となる。CNRSにおける起業は、新会社のCEOなどの人材を外部に求め、起業する研究者は、その立場を保持して研究を続ける方式の起業が大半を占めている。また、2017年には、新たに140社（うち中小企業48社）との共同研究を開始した。

2　原子力・代替エネルギー庁（CEA）

フランスは、世界でも屈指の原子力先進国であり、原子力発電は、地球温暖化対策の柱としても重要な位置を占めている。一方、高まる再生可能エネルギーの競争力向上等の中で、2018年11

原子力・代替エネルギー庁本部

月、エネルギー計画を発表し、２０２５年までに現行の75％から50％まで原子力による発電割合を引き下げることとしているが、原子力発電の比重は他の国に比して依然大きい。その中核的な役割を担っているのが、原子力・代替エネルギー庁（Commissariat à l'énergie atomique et aux ènergies alternatives：CEA）である。

(1) 沿革

原子力研究開発の必要性は、第二次世界大戦終戦直前の１９４５年3月、フランス暫定政府ラウル・ドートリ復興大臣からド・ゴール主席に報告された。ド・ゴール主席は、8月の米国による原爆投下の直後に、原子力研究開発に取り組む機関の立ち上げを指示した。２か月後の10月には、原子力庁が内閣直属の機関として発足した。これが、国家プロジェクトを担うＣＥＡの起源である。

ＣＥＡは、先行していたＣＮＲＳの支援に支えられ、その後も欧州原子核研究機構（ＣＥＲＮ）の設立、ＰＥＴを活用したジョリオ・キュリー病院の設立などで常にＣＮＲＳと協力しており、ＣＮＲＳと強固な関係を築いている。

（2）任務

ＣＥＡは、原子力研究開発を基調としつつ、代替エネルギーに関する研究開発も任務としている。このため原子力分野の基礎研究から国防および産業に関わる研究開発を推進し、また、低炭素エネルギー社会の実現に資する技術開発を進めている。さらに得られた成果をもとに産業との連携を強化し、産業を育成する活動を展開することも重要な任務となっている。ＣＥＡでは、軍事および民生の研究開発が統合された管理の下に置かれている。

なお、代替エネルギー（énergies alternatives）を含む形で、任務および名称の変更が行われた（略称ＣＥＡは変わらない）のは、２０１０年3月である。

（3）組織、人員および予算

ＣＥＡは産業・商業的性格の公的機関（ＥＰＩＣ）であり、所管はＭＥＳＲＩ、経済・財務省、環境連帯移行省および軍事省である。職員総数は、２０１7年で1万５６２２人であり、ここ数年は1・5万人前後で推移している。民生関係人員が70％以上を占めている。

本部は、パリ南郊外のサクレーにある。本部の中枢的な役職は、長官と高級顧問である。長官は、自らが議長を務める運営委員会の審議を経て計画を実施するなど、幅広い運営責任を有している。２０１９年現在の長官は、フランソワ・ジャック氏で、歴代の長官15人中の11人と同じくエコール・ポリテクニーク卒業生である。高級顧問は、ＣＥＡの運営に関する科学的・技術的課題に関する助言を行うとともに、ＣＥＡ内に設置されている科学委員会を主宰する。長官、高級顧問および副長官の下に、軍事応用局、原子力局、基礎研究局、技術研究局の技術関係部局および戦略解析局、企画財務局、国際関係局などの事務関係部局がある。

民生関係の研究センターは、パリ・サクレー、グルノーブル、マルクール、カダラッシュの4か所で、大学とのＵＭＲは45を数える。軍事利用の研究センターは、イル・ド・フランス、ヴァルデュック、アキテーヌ、グラマー、ル・リポーの5か所で、核兵器の信頼性と安全性、核不拡散やテロ対策、核兵器部品の生産、解体および関連廃棄物の処理、シミュレーション実験などの活動を行っている。

総予算は、２０１７年に軍民をあわせて約48億ユーロ（民生関係が約61％）で、２０１８年は、約50億ユーロとこの3年程度は、ほぼ同額で推移している。軍事関係予算のほぼ全額が国の資金で、民生関係の4割程度が産業界、国際機関および地方自治体等からの資金で賄われている。第4章で述べたＰＩＡの資金は、第4世代原子炉アストリッド、ジュール・ホロヴィッツ炉、高速計算機開発へ向けられている。近年、原子力施設廃棄措置関係費用の増大が、基盤的な研究開発に関わるＣＥＡの活動を圧迫しかねないとの懸念が生じ、根本的な財政状況の改善の必要性が指摘されている。

（4）主な研究開発活動

ＣＥＡの国防と安全保障に関する活動は、軍事応用局が担当し、核弾頭の設計・製造・保持・廃棄および核物質の手配などを行っている。

ＣＥＡの民生用技術開発として、既存の原子力施設利用については、稼働中の原子力施設の支援と最適化に関わる研究開発、ラ・アーグ再処理工場の最適化、核燃料工場の維持に関わる研究開発などを実施している。また、将来の原子力システムの設計としては、長期的に見た次世代原子炉とその燃料サイクル、小型モジュール炉の検討などを進めている。さらに、廃棄物対策と廃止措置、再生エネルギー対策の研究開発を実施している。

（5）産業育成の活動とCEA Tech

CEA Techは、ＣＥＡの研究センターと、電子情報技術研究所、新エネルギーおよびナノ材料革新技術研究所、インテリジェントシステム研究所という３つのＣＥＡ傘下の研究所で構成される組織であり、技術移転や産業育成を進めている。リール、メッス、トゥールーズ、ナント、ボルドー、カダラッシュ・ガルダンヌの６つのプラットフォームに加え、後方基地としてのサクレーとグルノーブルを入れた８か所で活動している。

２０１７年にＣＥＡから国家工業所有権機構（ＩＮＰＩ）へ６８４件の特許申請が行われ、この申請数は、国内では第４位で公的研究機関としては第１位である。また、起業活動も活発で、２０１６

年は8社が起業され、2000年以来合計132社が起業されている。

(6) 原子力産業界との関係と人材養成

CEAは、これまでも積極的に原子力産業界との協力活動を行っているが、最近では2016年3月、AREVAおよびEDFと連携する組織を創設し、フランスのエネルギー転換を円滑に進めるため第三世代の加圧型原子炉の技術的オプションの検討、中小企業との協力強化、規制の変更に対する対応の調整などについて連携を図っている。さらにその後AREVA関係の再編が続き2018年2月、フランス政府、AREVA、三菱重工、日本原燃、CEAの出資によりORANOとなった。CEAの出資比率は、4・8%であり、CEA長官はORANO取締役会の常任メンバーである。

人材養成については、全国に5か所の研修所を有する国立原子力科学技術研修所で、原子力に関わる産業、医療への応用分野の運転者、技術者、研究者を毎年約1200人（外国人比率30%）養成しており、また、約7000人に上る企業からの実習生を再教育している。原子力関係の人材養成が周到かつ大規模に進められてきたフランスであるが、原子力の需要が低減しエネルギー転換が要請されていく中で、この人材養成体制をどのように維持し、かつ、構造転換していくか、注目される。

国立宇宙研究センター（ＣＮＥＳ）本部

３　国立宇宙研究センター（ＣＮＥＳ）

国立宇宙研究センター(Centre National d'Etudes Spatiales：CNES)は、米国のＮＡＳＡなどと並ぶ宇宙開発機関である。欧州には欧州宇宙機関(European Space Agency：ESA)という宇宙開発に関わる国際機関があるが、ＣＮＥＳは、ＥＳＡの活動を支援するとともにフランス独自の宇宙開発を実施している。フランスは、ＥＳＡに対する最大の拠出国（27・97％）でもある。

(1)　沿革

ロケット開発は、ミサイルの開発を主眼として、第二次世界大戦後１９４６年から陸軍の軍事研究局の主導の下、ドイツ人研究者の協力も得て開始された。ド・ゴールが大統領となり第五共和政が開始されると、宇宙開発で積極的な役割を担うため、１９５８年に弾道エンジン開発研究のための組織（ＳＥＲＥ

B）が、そして1959年に宇宙研究委員会（CRS）が、それぞれ設置された。さらにド・ゴール大統領により、SEREBとCRSの両組織の統合の方針が示され、1961年12月にCNESが設立された。

（2）任務

CNESの主たる任務は、アリアンロケットの開発、科学研究、人工衛星を用いた観測、宇宙通信技術開発、宇宙の防衛利用の5つである。また、CNESは、フランスおよび欧州関係国の宇宙産業の発展に資する活動を展開している。これらの任務は、EUのHorizon 2020の宇宙に関する目標に対応している。なお、2008年には宇宙活動を規制する宇宙活動法が定められ、CNESは宇宙飛翔体の登録機関となった。

（3）組織、人員および予算

CNESは、EPICであり、MESRI、軍事省、経済・財務省の管轄下にある。

CNESの職員数は、2017年末で約2500人となっている。パリにあるCNESの本部には、長官、副長官等の下に財務・人事等の管理部門と打ち上げ等のプロジェクト部門がある。2019年現在の長官は、ジャン・イヴ・ルガル氏で、グランド・ゼコール卒業者である。主要部局は、軌道システム局、イノベーション・応用・科学局、パリおよびトゥールーズの打ち上げ局のほか、地方にあるトゥールーズ宇宙センターおよびギアナ宇宙センターである。

トゥールーズ宇宙センターは、技術開発および衛星の運用で大きな役割を担い、また、衛星データの開発・利用の促進、イノベーションを通じた将来の宇宙利用を構想する業務に挑んでいる。エアバスの工場も近郊にある。また、ギアナ宇宙センターは、ブラジル北方でアマゾン川の河口北側に位置するフランス領ギアナにあり、北緯5度と静止軌道上への打ち上げに極めて適した場所にある。アリアンの打ち上げ基地であり、フランスがESAを中心とする欧州の宇宙開発を主導するうえで重要な役割を果たしている。ギアナは、フランスの海外県として一定の自治権等を有しており、経済的には、宇宙開発による地元経済への貢献が現在25%以上を占めている。よりいっそうの経済的、社会的安定を求める地元の動きもあり、フランス政府としては神経をとがらせている。

２０１７年の総予算は、24・３８億ユーロで、そのうちの約40%にあたる9・６５億ユーロがESAへの拠出金（２０１９年は11・７５億ユーロ）であり、アリアンロケット開発４・５５億ユーロ、観測１・９億ユーロ、科学研究０・８９億ユーロなどとなっている。

（4）主な活動と成果

アリアン5は、静止軌道に衛星2機を同時に打ち上げられる能力を有しつつ、柔軟な打ち上げ需要にも応えられる。２０１８年9月、１００回目の打ち上げに成功した。アリアン6は、アリアン5の打ち上げコストを半減させることを目指し、２０２０年に運用可能とすべく開発が進められている。今後は米国のSpaceXの打ち上げ成功を踏まえた将来のロケット開発戦略の策定が課題となっている。

宇宙科学では、衛星や探査機の打ち上げと運用を行うとともに、ESAを通じて国際宇宙ステーションに参加しており、微小重力実験なども行っている。2019年2月、MESRIとCNESで宇宙ステーションでの次期実験プロジェクトの公募を開始した。

人工衛星による観測では、地球観測衛星「コペルニクス計画」、メタン発生源とその吸収場所を特定する「メルリン計画」、NASAとの革新的な海洋表面高度測定の協力などを行っている。

宇宙通信技術の開発では、光学デジタル技術を開発し、欧州版GPSガリレオシステムの技術開発を支援している。

今後は、ナノサテライトの打ち上げ（2019年）、米国NASA打ち上げの火星2020計画へのカメラ搭載（2020年7月）、木星への観測衛星JUICE打ち上げ（2022年5月）などが予定されている。

防衛面ではCNESと軍事省が、スペースデブリの監視・再突入管理・衝突防止のための欧州宇宙監視コンソーシアムに参加し活動している。

イノベーション活動は、イノベーション・応用・科学局が担っており、衛星本体の開発および観測データの活用を中心に進められている。また、CNESは、さまざまな技術移転、産業育成活動を実施しており、スタートアップを設立する職員を優遇するとともに、特にCNESの特許を活用する場合は特別な優遇策を設けている。2018年までの10年間の特許申請数は497件であり、利用者に無償使用させている。

(5) 傘下の関連企業・大学との協力

フランスの産業における航空宇宙関連企業の比重は大きく、2015年のEU全体の航空宇宙工業界としての売上1350億ユーロのうちフランスは約450億ユーロ（33％）を占め、トップである。CNESもその研究開発の成果の利用を促進するために「出資」し、産業化を支援している。

フランスには、航空宇宙分野のグランド・ゼコールとして2007年設立のISAE-SUPAEROがあり、学生数は1700人（外国人比率30％）、教授陣は200人で、CNESは学生の研修などで協力している。そのほか大学等から博士課程学生およびポスドクを受け入れている。

(6) 国際協力

CNESにおける国際協力としてESA以外では、米国、中国、インド、ロシア、日本などとの協力が進行中である。日本との協力は1960年代にさかのぼり、ADEOS（みどり）、ADEOSⅡ（みどり2）、ロケットエンジン開発などの協力が行われてきた。2019年6月には、火星衛星探査計画（MMX）における協力および小惑星探査機「はやぶさ2」が回収する試料分析に関する協力について宇宙航空研究開発機構（JAXA）との間で実施取り決めが締結された。

4 国立保健医学研究機構（INSERM）

国立保健医学研究機構（Institut national de la santé et de la recherche médicale：INSERM）は、

１９６４年７月、国民の保健、健康、公衆衛生などに関わる研究を行うため設立された。

ＩＮＳＥＲＭは、ＭＥＳＲＩおよび連帯・保健省の共管となるＥＰＳＴである。医療・保健における先進的な基礎研究を行い、国際的に優秀な技術を開発するとともに、公衆衛生政策の策定に貢献し、患者団体とも協力し、科学的文化を普及させることを任務としている。理事長は２０１９年１月から、エコール・ポリテクニーク出身でＭＲＩの研究者である医師、ジル・ブロック氏が務めている。パリ本部を中心に９の研究部門、13の地域事務所がある。２８１の研究ユニット、36の臨床研究センターなどが国内に展開し、国外に33の欧州・国際連携研究所、２つの海外研究ユニットがある。研究ユニットの80％以上が大学および大学病院の敷地内にあり、大学の再編・グループ化やグランド・ゼコールとの連携にも積極的に貢献している。

２０１７年の予算は９・５７億ユーロで、その内訳は人件費 ４・５３億ユーロ（48％）、研究等運営費３・９４億ユーロ（41％）などである。職員総数は５１２４人、うち研究者２１４３人である。ノーベル賞受賞者２人、ラスカー賞受賞者３人となっている。

研究論文は、２０１７年に１万３２２０編発表され、特許は合計１６７３件登録されている。ＩＮＳＥＲＭが１００％出資し、研究成果の企業化などを支援するため INSERM Transfer がある。ＩＮＳＥＲＭは、欧州諸国など１００か国以上との国際協力を進めており、２０１７年には、ＩＮＳＥＲＭの助力もあって中国で最初のＰ４施設（バイオ・セイフティ・レベル４で最も危険な生物実験が安全にできる施設）が武漢市に完成している。

5　公益的な研究機関

(1) パスツール研究所

パスツール研究所（Institut Pasteur）は、狂犬病ワクチン開発で有名な医学者ルイ・パスツールが１８８７年に創設した非営利目的の民間法人（ＦＣＳ）の研究機関である。病原菌微生物学等の基礎研究から、感染症、ワクチンなどの応用研究が盛んで、創設以来10名がノーベル賞を受賞している。

パリ15区に本部があり、研究部門は、細胞生物学・感染部、発達生物学・幹細胞研究部、構造生物学・化学部など11の部局および基礎研究の成果を臨床に生かすトランスレーショナル研究センター、バイオ・インフォマティクス研究センター、最先端の研究支援技術を提供する研究資源技術研究センターなど６の横断的センターからなる。各部局およびセンターは、１３０の研究ユニットで構成され、その３分の２は、資源や人員を提供しているＣＮＲＳ、ＩＮＳＥＲＭ、大学と連携している。

職員総数は２６８０人（女性比率は約59％）で、うち１２００人程度が研究関係である。毎年70か国以上から１２００人以上の学部学生、博士課程学生、専門技術者などを受け入れて講義を行っており、また、大学との間で博士課程共同体（第６章２(４)参照）を設けて、３００人以上の博士課程学生などを研究者として指導している。

事業費は２・３１億ユーロ（２０１７年）であり、うち研究費は２・１６億ユーロで、そのほかは教育や公衆衛生関係経費である。収入のうち一般からの寄付金は０・６３億ユーロ、国の財政支援は０・

58億ユーロで、そのほか0・7億ユーロのプロジェクト研究費を受領している。

サノフィ社等製薬企業と古くから協力関係を築いており、2017年にはジェネンテック社とのパートナー形成やノヴァルティス社へのサブライセンス譲渡等、新たな戦略的関係も構築している。

パスツール連携研究所は、1891年に初めてベトナムのサイゴン（現ホーチミン）に開設され、現在は世界26か国、33か所に置かれており、相互に連携協力して研究活動を推進している。パスツール研究所は、これらの連携研究所と協力して国際的疫病監視網であるパスツール研究所国際ネットワークを構築し、WHOの監視網としても協力している。

（2）キュリー研究所

キュリー研究所（Institut Curie）は、がんを中心とする難病に関わる研究、教育、治療を三本柱とする非営利目的の民間法人（FCS）の研究機関で、1909年、パリ大学とパスツール研究所がマリー・キュリー氏のノーベル物理学賞受賞記念に創設したラジウム研究所が起源である。その後、ロスチャイルド氏の財政支援を受け病院を拡充したり、ジョリオ・キュリー氏の主導でサクレーに研究所を開設したりして、規模を拡大し、1970年に現在のキュリー研究所が誕生した。

キュリー研究所の任務は、物理、化学、生物、放射線の基礎研究から臨床研究までを行い、その成果を診断、治療につなげ、さらに教育を通して知識の蓄積と伝達を実現することである。

本部はパリ5区にあり、この本部と病院群および研究所の3つの要素が一体となって運営されている。パリ、オルセー、サンクルーの拠点などにある88の研究ユニット（12のUMRを含む）で、1100人の研究者、600人以上の博士および修士課程学生、インターンなどが、CNRS、INSERMおよび大学の研究者等と共同で活動している。また、CEAとは、サクレーで陽子線治療に関わる協力を展開している。

予算は3・58億ユーロ（2017年）で、主として疾病保健基金、寄付金で賄われており、UMRへのCNRS等からの資金提供、プロジェクト研究費（ANR、EU）などが続く。

（3）アンリ・ポアンカレ研究所

アンリ・ポアンカレ研究所（Institut Henri Poincaré）は、数学者であるフランスのエミール・ボレルと米国のデーヴィッド・ビルコフが、ロックフェラーとロスチャイルドに働きかけ、1928年に創設した数学と理論物理学分野の非営利目的の民間法人（FCS）の研究機関である。数学者アンリ・ポアンカレの名前を冠しており、CNRSとソルボンヌ大学が所管している。パリ5区に所在する。

「数学と理論物理学の館」と言われるように、この分野の研究者の受け入れ、交流を促進し、学際的な研究の推進と普及に努めている。年間3学期の授業、博士課程学生への指導、若手研究者への研究機会の提供、セミナーの開催などが行われている。CNRSの数学研究部門、米国のバークレー数理科学研究所等と協力している。

6章

高等教育機関

高等教育とは、リセ（高等学校）卒業前に受験するバカロレア試験に合格した者等に用意された教育を指す。全体はかなり複雑であるが、大学かそれ以外か、公立か私立かなどの設立形態による区分がある。また、進路で見れば、一般、商業・マネージメント、技術、職業という区分もある。さらに、競争選抜によるグランド・ゼコールか比較的自由に入学できる公立の大学かという区分も可能である。グランド・ゼコール入学のための準備学級も大学相当の高等教育機関として位置付けられる。一定の資格がそれぞれの卒業者に付与され、職業上の進路と密接につながっている。

バカロレア取得直後のフランスの高等教育機関への進学率は、約75%（２０１７年）であり、このうちの約40%に相当する学生がいわゆる大学へ、同じく約7%がグランド・ゼコール準備学級（通常2年間）へ進学しており、残る約28%は、その他の技術系、商業系等の高等教育機関に進む。これら高等教育機関に在籍する学生総数は、２０１７／１８年学期で２６８万人となり、前年に比べて2・7%増加している。

1　沿革

現在の姿に近い大学が世界で最も古く登場したのは、自由都市国家ボローニャである。大学は、元々ラテン語の「組合」や「団体」を意味する"universitas"を起源とし、学生のギルド（組合）から始まる。ボローニャは11世紀末以来、多くの法学者が私塾を開いたことで名を馳せ、ここに各地から集まってきた学生たちが市民や市当局に対して自分たちの権利を守るために結束して作った組合が、大学の起源となった。

一方、12世紀のパリには、ノートルダム司教座聖堂付属学校や聖ジュヌヴィエーヴ修道院付属学校をはじめとして多くの学校があり、12世紀末までに権力者の介入に対抗して結集したのがパリ大学の始まりである。１２００年には国王の勅許を得、１２３１年の教皇勅書『諸学の父』によって自治団体として認められた。その後移住によりパリ大学からオルレアン大学が生まれ、さらにローマ教皇によってトゥールーズ大学が設立された。

パリ大学は、英国の初期の大学の起源とも関係がある。英国のオックスフォードには、11世紀から12世紀にかけて私塾のような施設が存在しており、そこに１１６７年ヘンリー2世が英国の学生に対してパリ大学で学ぶことを禁じたことによりオックスフォードに学者が集まり、パリから移住してきた学生たちを含めて大学が形成された。

近世に至り、近隣諸国との紛争やフランス革命などを経て、国家における管理職、幹部層を効率的に確保する高等教育機関が必要となり、グランド・ゼコールが設立された（本章3参照）。

２０１８年5月現在、ＭＥＳＲＩが所管する高等教育機関は１３８あり、主な機関は67の大学、19の大学・高等教育機関共同体（ＣＯＭＵＥ）、20の高等機関（コレージュ・ド・フランスなど）、4の高等師範学校（ＥＮＳ）、22のその他の高等教育機関となっている。このほか、ＭＥＳＲＩを含む各省が所管するグランド・ゼコールと高等職業学校が設置されている。

なお、大学を含む高等教育機関の再編や連携の強化についての施策は、第10章1(1)で述べる。

2　大学

(1) 概要

大学は、2013年の高等教育・研究法により定められた法人格を有する科学・文化・専門的性格の公的機関（EPCSCP）であり、自主性を重んじる教育機関である。フランスでは、教育は無宗教で無料であることが憲法上保障されており、大学に関わる費用も原則として入学時に支払う登録料のみである。具体的には、大学では学士課程184ユーロ、修士課程256ユーロ、技術学校課程610ユーロ、博士課程391ユーロである。私立の高等教育機関の場合は、この登録料が少し高額で、3000ユーロから1万ユーロとなる。バカロレア合格者は、複数の大学に入学願書を提出できる。

近年の学生数の増加に大学側の施設、体制の整備が追い付かず、また、入学希望先の偏りもあって、希望に応じた大学への入学が困難となり、一部抽選による入学という事態も起き、学生の中に混乱、不安が生じている。入学システムの改革が継続して行われている。

フランスの大学は、高等教育における学位認定に関する水準を統一するために欧州諸国で合意されたボローニャ・プロセスに基づいて教育の内容、質を確保している。学士、修士、博士の3段階について、取得単位数と履修期間が決められている。また、多くの大学には、職業教育を目指した2年間の技術短期大学校（IUT）が併設されており、毎年、10万人以上に技術者資格に関わる教育がなされ、3.5万人以上にさまざまな技術資格が付与されている。

そもそもフランスでは、1875年7月12日法により、初等・中等教育から高等教育まで自由に教育を施すことが可能であり、私立の高等教育機関は、同法に基づき自由に創設できる教育機関、「自由高等教育機関」と呼ばれている。パリ、アンジェ、リール、リヨンおよびトゥールーズのカトリック系5機関を含め13の自由高等教育機関で約3万人が就学している。これらの機関は、単独では国の資格を授与することはできないが、国の大学や他の高等教育機関と連携して、学生に国の資格試験を受けさせることができる。自由高等教育機関は、その名称のうちに「私立（privé）」と明示し、また、いかなる方法でも「大学」を名乗ってはならないとされている。自由高等教育機関が行う教育のうち、国の大学が行う教育内容に相当する部分の運営費については、国からの補助が機関に支給される。このほか技術系、商業・マネージメント系の私立の高等教育機関があり、より職業専門的な教育を施している。これらについては、本章4で補足する。

なお、医学、歯学、薬学および獣医学に関わる教育課程は、普通の学士課程等とは異なっているが、本書では特に記述していない。

（2）学士、修士および博士の資格

ボローニャ・プロセスに沿って1年2学期制で統一され、履修単位も欧州単位相互移転制（ECTS）で定められており、大学の指導教員との合意に基づき外国の大学で取得した単位や別のコースの単位も合算することができ、個人の希望に沿った柔軟な履修科目の選択ができる。言語も母国語プラス2か国語が履修の標準であり、6段階評価で言語間相互の能力のレベル合わせができている。

学士の取得には、6学期3年間の教科の履修を要し、修士は博士課程を経て研究職を目指す学生が履修する課程で、4学期2年間の教科を受ける必要がある。

博士の資格は、修士課程修了者あるいは高等商業学校卒業資格者が履修する原則3年間の教科の履修を必要とし、論文の公開審査の後に授与される。博士号への登録は、大学の長が博士課程責任者の提案に基づいて行う。

(3) 学生

2017年のバカロレア受験資格者は73万2700人で、同合格者は64万3800人であった(合格率87・9%で0・7%の減)。この合格者および大学入学検定試験等の合格者など大学入学資格保持者から34万35人が大学、4万2600人がグランド・ゼコール準備学級に進学した。この進学者数はいずれも、近年一貫して年率約2%前後で増加している。

また、大学のみの全学年の学生総数164万人の内訳で見れば、学士課程101万人、修士課程57万人、博士課程6万人である。学生の約6割が人文社会科学系である。さらに、外国人学生は総数約24万人と、前年に比して約4%の増加を示しており、2000年頃から倍増している。アフリカ諸国からの学生が約45%を占める。学生数の増加は、大学職員の確保、施設の充実などを要し、政府にとって重大な課題である。

図10　博士課程入学者数および博士号授与数の推移

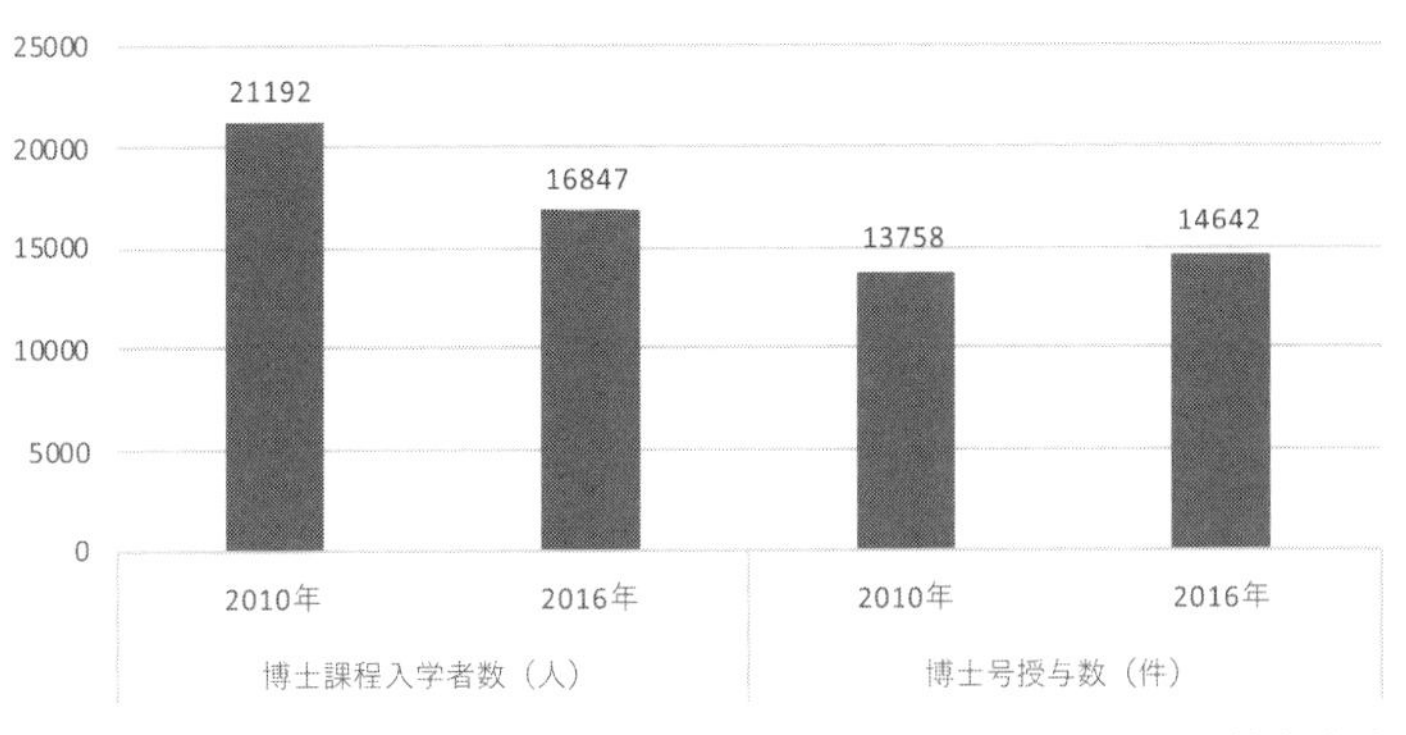

MESRIの資料をもとに筆者作成

国が、大学の学生一人あたりに投ずる費用としては、1995年の約7500ユーロから約1万ユーロに増加しているが、グランド・ゼコール準備学校の場合、約1万5000ユーロとなっている。

なお、フランスでは、入学後、相当数の学生が勉学を中断する傾向にあり（たとえば、2012年入学者が2015年に卒業した比率は41%）、卒業率を上げることも重要な課題である。

（4）博士課程、博士課程共同体およびポスドク

博士課程の設置は、MESRI大臣の認可を得る必要があり、博士課程を設ける大学など（複数ある場合は、代表機関）が、研究・高等教育高等審議会（HCERES）の審査を受けなければならない。2018年5月時点で267の博士課程が設けられている。図10に示すとおり2010年から2016年までの推移を見ると、博士課程入学者数は、約4300人ほど減少しているが、博士号授

与数は、その間、約900件増えている。

博士課程共同体とは、一つの大学内の複数の博士課程をまとめた組織であり、後述するサイト政策を担う大学同士が、参加する大学の持ち味を生かして魅力を高めるため複数の博士課程をまとめる仕組みにもなっている。また、各大学は、多様な研究機関との協力関係を構築して自らの博士課程教育の魅力を高める努力をしており、CNRSやCEAなど公的研究機関等が自らの研究者で構成する「博士課程学生受け入れチーム」をこの共同体に組み込んでいる。たとえば、パリ・サクレー大学では、CNRS、CEAも受け入れチームとして参加して博士課程共同体を構成している。フランス全土では、50程度の博士課程共同体が運営されている。また、UMRを通じたCNRSとの密接な協力体制が博士課程教育の充実につながっている。

博士課程学生に対してはさまざまな支援措置が講じられており、2017年入学の博士課程第一学年生の約70%が何らかの財政的援助を受けている。たとえばCNRSやINSERMでは、選抜した博士課程学生に月給約1400ユーロを、CEAでは同じく月給約2000ユーロを支給している。大学では、教育補助契約博士学生の制度により非常勤の教職研究員として3年間雇用される道もある。この制度では、企業と共同して給与を支給することができる。後述する「研究を通じた養成のための企業との協定（CIFRE）」（第10章4（1）参照）よる支援も用意されている。

博士号取得者（ポスドク）がいわゆるポスドク・インターンシップを国内で実施する場合、「キャンパス・フランス」という支援団体が窓口となって一括募集している大学、CNRS、CEA等のポストに応募して採用される方法などがある。通常は6か月から3年の期間で、その間月額2400ユーロ程度が支給される。CNRSの場合、ポスドクを含めた期限付き契約による研究者は、2300人以上に上っている。このほか、大学が募集する教職研究臨時専門職員（ATER）のポストに応募し、採用される方法もある。フランス国外で実施する場合には、個別の応募を経て採用される必要がある。これ以外にもEUの枠組プログラムの一環として同じく「キャンパス・フランス」が協力して、ポスドクの派遣、受け入れおよび帰国を支援する制度が設けられている（EUによる「プレステージ計画」）。なお、国外でのポスドクから帰国して就職する場合、フランス国内のシステムに再度順応するうえでのさまざまな困難、経費的時間的負担の問題が指摘されている。

博士号取得者で企業に就職できた者は、2010年から2015年までに23％から37％に増大したが、その後あまり改善されておらず、2017年では、博士号取得後5年を経ても45％が期限付き雇用しか得ていない状況である。一方、企業の研究者で博士号を取得している者は12％程度であるため、政府は、博士号取得者の企業への雇用を奨励する方策を講じている。

（5）資格の相互認証

EU域内での自由な移動は学生にも適用され、加盟国の学生は域内の大学で教育を受ける権利を有する。これを保障するため大学の資格の相互認証が行われており、フランス国内では国立アカデミー認証情報センター（NARIC）が、欧州全体としては欧州情報ネットワークセンター（ENIC）が、それぞれ学生を支援する役割を担っている。NARICでは、履修レベルの証明、教育システムおよび職業活動に関する情報の提供を行う。ENICでは、NARICと密接な連携を図り、学士、修士および博士や単位認証に関する法制、資格や経験に関する情報、統計データを提供している。

(6) 予算

大学等高等教育機関の研究活動の予算は、第4章で述べたミッション「研究・高等教育(MIRES)」のプログラム150(高等教育および大学研究)で主に確保されている。2016年は、このプログラムなどから総額74億ユーロが研究活動に投じられた。

(7) 具体例1 ―ソルボンヌ大学

パリ大学設立の歴史はすでに述べたが、同大学は1968年の学生運動の後13校に分離され、その中の一つがパリ・ソルボンヌ大学と称されていた。2018年1月には、大学再編の動きを受けパリ・ソルボンヌ大学が、それまで連携関係にあったピエール・マリー・キュリー大学と統合し、新たにソルボンヌ大学となった。このソルボンヌ大学は、コンピエーヌ工科大学、CNRSなどとも連携をしている。

教職研究員等合わせて6700人、事務局職員4900人である。また、学生総数5万5300人(うち外国人1万2000人)、博士課程学生4400人で、文学・言語・人文社会科学部(学生

2万1000人)、理工学部(学生2万2000人)、医学部(学生1万1000人)の3学部からなる。総予算は6・68億ユーロであり、施設はパリ市内のカルチェ・ラタン、ジュシュー地区(5区)の26か所に点在し、137の研究ユニットが運営されている。

人材養成と研究の有機的な関係を深化させる新しい教育方法の開発を進め、知識の取得方法を改善し、横断的な能力の涵養を目指している。また、多様なパスを設け教育課程を潤沢にし、さまざまな可能性を開くよう努めている。25の博士課程が用意され、学際的で国際的に開かれた教育を重視し、実社会に直結した習得となるよう設計されている。

研究活動は、デジタル、医学、音楽、人文科学、美術など多彩な分野の融合を目指している。また、革新的なテーマを求める公募を行い、4つのテーマ(社会と環境、意思決定過程とダイナミズム、科学と文化遺産、生活サイクル)を選考し、機関協力による融合計画として打ち上げている。2006年には、ソルボンヌ大学アブダビ校を創設している。

2019年版のTimes Higher Education(THE)世界大学ランキングでは73位に順位を上げ、これは現在のところパリ科学文学大学とともに、再編・グループ化政策が目に見える結果を出した数少ない例である。上海交通大学のランキングでは、数学は欧州第1位、世界第3位などとなっている。

(8) 具体例2 ―パリ・サクレー大学

パリ・サクレー大学は、2014年12月、大学の再編・グループ化政策の一環で設立されたCO

MUEである。パリ南大学、グランド・ゼコールであるサントラル・スペレック、CNRS、CEA、INSERMなど合計14の構成メンバーからなる。パリ近郊に位置するサクレー地域（第10章3（2）参照）の中核大学である。

教職研究員等9000人、学生総数6万5000人（外国人比率42％、国籍45か国）、修士課程学生9000人、博士課程学生5500人となっている（いずれも2016年）。

パリ・サクレー大学は、合計26名で構成される運営委員会の助言の下、その議長が大学を運営する。2015年から2019年の国との契約では、運営費総額は約19億ユーロである。

修士課程は、生物多様性、農業・食料、生物・医学・薬学、法律・政策科学等多岐にわたり、49のコースが用意されている。博士課程では20の博士課程共同体が構成されており、23の機関がこれに参加している。パリ・サクレー大学には、COMUEへの参加研究機関による300の研究ユニットがあり、1500人の研究者、教職研究員、技術者、博士課程学生が研究に従事している。

2016年に学生が起業したスタートアップ件数は100件で、また、起業精神に関する訓練を6000人の学生に行った。

この大学の改革が成功するか否かは、フランスの高等教育と研究の協調と発展を見極めるうえで極めて重要である。なお、かねてよりパリ・サクレー大学への統合などが論じられていたこの地域のエコール・ポリテクニーク等グランド・ゼコール5校との調整は難航し、2018年末にいたりパリ・サクレー大学には合流しないこととなった（第10章1（1）参照）。

3　グランド・ゼコール

(1) 歴史と概要

グランド・ゼコール（Grandes Ecoles）は、バカロレアではなく、「競争的選抜」による試験で学生を採用する入学制度を有し、高度の教育を保障する特別な高等教育機関である。

近世、近隣諸国との紛争やフランス革命などを経て、即戦的に役立つ知識・技術を伝授し、国家を支える基幹的なエンジニアを効率的に確保する高等教育機関が必要となり、グランド・ゼコールが設立されていった。今日では、難関の試験によりエリート候補生を選抜し、技術、商業、行政の分野において技術者層、幹部層を養成することに成功し、その結果、グランド・ゼコールは、フランスの高等教育機関の中で特異な地位を占めることになった。特に国立行政学院（ＥＮＡ）、エコール・ポリテクニーク（理工科学校）などは、名だたる高級官僚、大企業の経営者を輩出する機関となっている。ちなみにフランスの代表企業40社（ユーロネクスト・パリ（旧・パリ証券取引所）の上場銘柄のうち代表的業種に属する銘柄）の社長のうち36名（２０１８年）がグランド・ゼコール卒業者である。

最も古いグランド・ゼコールは、１５７１年にシャルル９世によりマルセイユに設立された「水理学学校」と言われており、１６７９年には、ルイ14世により砲兵士官学校がドゥエに設立された。パリに最初に設置されたグランド・ゼコールは、１７４８年の軍事士官学校である。白眉たるエコール・ポリテクニークは、革命の最中の１７９４年に創立され、その後のグランド・ゼコールのモデルとなり、科学技術の進歩、産業の発展とその要請により、さまざまな分野にグランド・ゼコールが広がった。最も近年の設立は１９５８年の産業高等研究センターである。さらに近年、商業系グランド・ゼコールの躍進も見られ、ＨＥＣ経営大学院など国際的な評価が高い機関もある。

技術系のグランド・ゼコールと言うと、超高級の官僚を輩出するエコール・ポリテクニークが注目されるが、それ以外にも国の産業の基盤となる技術の根幹を長年支え、その道一筋の専門家となる有為の人材を養成してきたグランド・ゼコールが、航空、宇宙、エネルギーから土木、建築、農業などの分野まで多岐にわたって存在しており、これらのグランド・ゼコールの卒業生は、それぞれの分野で誇りを持って活動をしている。なお、グランド・ゼコールは主に技術、商業および行政分野における実務的教育を施す機関であり、医学、法学はないと言われるが、軍医、裁判官・検察官など非常に特化した高度な専門家を育成するグランド・ゼコールは存在する。

グランド・ゼコール準備学級は、グランド・ゼコールへの入学を目指して履修する高等教育課程であり、大学と同程度の教育を施す機関として扱われる（この準備学級を経ずに大学等で資格を取ってから選抜試験を受け入学する者もいる）。通常リセ（高等学校）に付設され、リセ・アンリ４世校などが有名である。グランド・ゼコール付属の準備学級もある。いずれもバカロレア試験の結果に基づく書類選考で入学が許可される。通常の２年間で卒業できるのは７割程度であり、主にこの準備学級の卒業生が、競争試験を受けてグランド・ゼコールに入学する。ＥＮＡやエコール・ポリテクニークなど一部のグランド・ゼコールでは、学生は公務員扱いとなって給与が支給され（ＥＮＡの場合、

マクロン大統領も勉強したリセ・アンリ4世校

2017年時点で月額1672ユーロ)、在学年数が退職金算定対象の年数にも算入される。給与支給を受けた学生には、卒業後10年間の当該所管省への就業義務が発生するが、最近は給与分を返還してでも企業に就職する卒業生がいる。

なお、文献によっては、グラン・ゼコールと書かれることもあるが、フランス語ではgrandes écolesと書くため、本書ではグランド・ゼコールと書くことにする。

(2) 所管

所管省は全部で8省あり、177校を管理運営する。最大の所管省はMESRIで、パリ、カッシャン、レンヌ、リヨンにある4つの高等師範学校(Ecole normale supérieur:ENS)のほか、約100校に上るグランド・ゼコールを傘下に置いている。また、軍事省は、エコール・ポリテクニークのほか、航空宇宙高等研究所(ISAE)、国立先端技術高等学校(ENSTA Paris Tech)など4校を所管する。

これとは別に、商工会議所等が運営する公営および民間のグランド・ゼコールは、49校ある。

（3）学校数と学生数

後述するグランド・ゼコール機関長会議（CGE）の会員として226校が登録されており、2017／18年学期の学生総数は26万4423人となっており、高等教育機関の学生数の9・8％を占める。女性比率は全体で37・9％と、前年に比べ0・3％増加した。

グランド・ゼコール一校あたりの学生数は、300人から1万1000人で、大学に比べると少ない。グランド・ゼコールを卒業するまでの費用は、平均で3万2962ユーロという統計があるが、一般的な私立の高等教育機関と比較してそれほど高額ではない。同じ統計で学生全体の23・3％は海外からの留学生となっており、2015年以来米国（＋11・9％）、ドイツ（＋13・9％）、中国（＋11・6％）、インド（＋25・5％）の伸びが大きい。

（4）資格の授与、卒業後の進路など

グランド・ゼコールは、基本的には修士号を授与でき、特定のグランド・ゼコールは博士号も授与できる。2018年の卒業生のうち、81・1％が卒業後半年以内に正規職に就いており、前年より2％ほど上昇し、2010年以来最高の就職率である。新卒者の給与も上昇傾向にあり、2018年新卒

者の年収は3万4122ユーロである。

グランド・ゼコールの卒業生は、人文社会科学系の2人に約1人、技術系の3人に1人以上が公務員等公的な部門に就職している。すでに述べたように、ENAやエコール・ポリテクニークなど国の幹部職員への道に進む卒業生を多く輩出するグランド・ゼコールもある。優秀者は成績順に上級のポストを選択できると言われている。

国会議員のグランド・ゼコール卒業者は、Science Poが70名、ENAが17名に達する。前述のとおり主要な企業の経営陣および公的研究機関の長についても、グランド・ゼコール卒業者が多い。また、卒業生の海外への就職率は15・2％で減少傾向にはあるが、英国がトップで、ドイツ、中国、スイスと続いている。

(5) 具体例1 ―エコール・ポリテクニーク

エコール・ポリテクニーク（École polytechnique）は、国を率いる指導者、特に公共事業および軍事に関わる技術に卓越した専門家が乏しい事情を受けて、「公共事業中央学校」として1794年に設立され、その後1975年に現在の名称に改められた。卒業後公務員の任務に就くことを目的として教育が行われた。1937年にはエコール・ポリテクニークの中に最初の研究所が設立され、ここでは宇宙線、素粒子の研究が行われた。戦後第五共和政に入り、軍事省所属の高等教育機関となり、1976年にはパリ南郊外パレゾーに移転し、現在のパリ・サクレーの一角でCEAやCNRSと隣

パリ市内にあるエコール・ポリテクニークの旧校舎

り合わせになった。1986年に初めて博士号を授与した。2000年には入学者数を500人に拡大し、うち100人程度の外国人を受け入れている。

2017年の総事業費は1・44億ユーロであり、収入では国の補助が0・9億ユーロ、自己資金が0・4億ユーロなどで、支出では0・8億ユーロが人件費、0・14億ユーロが施設費などである。

2017年の統計では学生総数は3300人、うち女性が21%で、外国人学生は34%を占め、出身国は70か国以上に上る。敷地は160ヘクタールで、教員および研究者は480人であり、ポスドクが150人となっている。学士課程は3年で、数学、科学一般が中心で、3年目には海外での実習がある。修士課程は学士資格取得後に入学し、高度な科学的教科を2年間で履修する。博士課程は、修士2年を含めた5年コースであり、傘下の研究所を基盤に教育が行われる。同校は外国人学生受け入れに熱心であり、現在、4つの大陸に22か所の海外試験センターを設け、また、外国の大学と20件程度協定を締結している。

同校の22研究室のうち21の研究室が、CNRS、CEA、INRIAなどの公的研究機関や、パリ南大学、技術系公立高等教育機関グループであるパリテックなど地域の高等教育機関と共同研究を実施している。

同校は、技術成果の企業への移転を積極的に進めるとともに起業も促進している。また、エネルギー、バイオメディカル、材料などの分野で30の企業が支援する講座を22件進めている。

なお、大学の再編・グループ化や産業競争力に関わる拠点形成との関係は、本章2(8)および第10章3(2)もそれぞれ参照されたい。

(6) 具体例2 ―国立行政学院(ENA)

国立行政学院(École nationale d'administration : ENA)は比較的新しいグランド・ゼコールで、1945年10月、ド・ゴールにより第二次世界大戦後の行政機関の再構築を目指して設立された。首相府に属する。当初は国の高級官僚の育成が中心であったが、1990年に企業、地方自治体への就職希望者にも門戸が開かれ、1991年には本部がパリからストラスブールに移転された。

ENAの教育目的は、高度な責任を有する行政業務に必要なマネージメント手法や、公共政策の立案、遂行、評価に必要な能力を教授することにある。教育は24か月間にわたり、実習では欧州機関、大使館、企業、地方自治体などの現場で責任ある部署を経験する。運営予算は、4・40億ユー

ストラスブール市内にあるENAの校舎

ロで、うち3・10億ユーロが国からの支出である。職員188人が教務部、訓練部、国際関係部および欧州部で勤務しているが、常勤の教授陣は置かれず、外国人を含む外部講師を招いて講義が行われ、2017年は総数2878人が招聘された。

同校は1年に2度入学を認めており、2018年はフランス人学生177人、外国人学生45人が入学した。近年の合格率は6％から7％である。設立以来、フランス人7161人、134か国の外国人3719人の養成を行ってきた。優秀な卒業生は、国務院、財政監査、会計検査院の3つの高級官僚職に就く。このほか各省の行政官職に採用されることが多い。一方、エリート主義批判の矢面に立つことが多く、「黄色いベスト」運動への対策の一つとしてENA廃止が議論されている。

同校は、アジアおよびオセアニア諸国との協力も進めており、ここ20年程度の間は、特に中国、インドとの協力を重視している。日本は、ドイツ、モロッコに次いで３番目に卒業生の多い国であり、公務員養成のため人事院とも協力して相互の交流を強化している。

４ 高等職業学校

フランスは、大学、グランド・ゼコールに限らず資格と職業が密接につながっている社会と言え、リセ（高等学校）入学の頃から人生設計の一つとしての資格の取得に大きな注意が払われる。資格を全て紹介することはできないが、ここでは資格を取得するための高等職業学校に簡単に触れておきたい。

技術系、商業・マネージメント系の高等職業学校（商工・農業会議所が経営する場合も含む）は、より職業専門的な教育を施しており、国の認証の下に技術系約50機関、商業・マネージメント系約60機関が運営されている。分野は幅広く、ジャーナリズム、建築、コミュニケーション、デザインなどを教える高等職業学校もある。創設１００年ほどの歴史のある高等職業学校もあるが、公立の高等教育機関に付属する比較的新しいものが多い。このほか公益法人が私立の高等職業学校を運営している場合もある。技術系の高等職業学校は、最近レベルが向上していると言われ、民間調査機関が卒業生の初任給等の情報を下に２０１８年における技術系資格を付与する高等教育機関１３０校のランキングを行ったところ、10位以内に2校、20位以内に6校の技術系の高等職業学校がランクされている。

技術系では授業料が年間３０００ユーロから９０００ユーロとなるが、国の奨学金制度を活用して履修する学生もいる。全ての学年を合計した技術系の学生総数は、15万２５００人（２０１６年／１７年学期）となっている。

5 高等教育に関わる審議機関

（1） 大学審議会（CNU）

大学審議会（CNU）は、MESRI大臣が定める手続にしたがって運営される自主的な機関であり、教職研究員の資格審査、採用、第7章2（4）で述べる教職研究員の経歴追跡調査に関する意見を提出する任務を有する。また、大学の教職研究員に支給される「博士号課程・研究指導手当」に関わる評価を行う機関でもある。資格審査等の候補者の評価や経歴追跡調査に関わる基準は公表されている。

CNUには、学門分野に対応して87の分科会が設けられており、大学から教授、准教授が指名され審議にあたっている。これらの分科会が、「経歴追跡調査」を行う。また、CNUには、常設委員会が設けられ、各分科会の中心メンバーがこの常設委員会に参加し、分野間の調整、基準や手続の調整を行っている。

なお、医学、薬学および歯学については、「CNU保健」が同様の自主的な機関として別に設置され、CNUと同じ役割を果たしている。両者は、常設委員会を通じて連携し調整している。

（2） 大学学長等会議（CPU）

大学学長等会議（CPU）は、大学等の高等教育機関や公的研究機関の意見を集約し、基本的な方針を確認、共有することを目的としている団体である。メンバーは、大学学長、グランド・ゼコールの長、公的研究機関の長である。CPUは、経済界、国際的な団体とも協力し、国際的動向や社会の変化への適切な対応策について審議している。研究連合（アリアンス）には、大学等を代表してCPUが参加している。

（3）グランド・ゼコール機関長会議（CGE）

グランド・ゼコール機関長会議（CGE）は、国立、公営、民営を合わせた226校のグランド・ゼコール、8の民間企業、17の民間パートナー、35の研究機関の合計286のメンバーから構成されている。CGEは、11の委員会、46の分科会を設けて運営されている。

CGEは、一種のシンクタンクとして機能しており、国の計画策定に関わる調査、報告作成などに参加している。グランド・ゼコールの果たす役割を生かして、高等教育・研究に関するさまざまな公的な審議にも貢献している。また、CGEは、修士課程に関わる認証を行う機関となっており、参加するグランド・ゼコールが教授する600近くの修士課程に関する品質の保証を行っている。

6　フランス学士院およびコレージュ・ド・フランス

（1）フランス学士院とアカデミー

フランス学士院（Institut de France）は、フランス革命の最中の1795年10月、それまでのア

フランス科学アカデミーを擁するフランス学士院の建物

カデミーを統合して創設されたものであり、学界の議会とも呼ばれる。芸術、科学および文学の発展に貢献し、かけがえのない遺産の価値を高め、あらゆる創造的な生業を醸成することを任務としており、その学際的な学術活動において諸外国からも注目を集める独特な組織である。

現在はフランス・アカデミー、碑文・文芸アカデミー、科学アカデミー（左記参照）、芸術アカデミー、倫理政治科学アカデミーの5部門で構成されている。カルチェ・ラタンの北西端、ルーヴル美術館の対岸に位置する（カバー写真参照）。

(2) 科学アカデミー

科学アカデミー（Académie des sciences）の歴史は、17世紀の初頭にさかのぼり、当時ローマ（１６０３年のリンチェイ・アカデミー）、ロンドン（１６６０年、王立協会）にも見られたように、17世紀中葉に広がった学識ある個人が開くサロンや恒常的な科学的な結社にその起源がある。フランスの科学アカデミーは、ルイ13世が宰相リシュリューに命じて検討にあたらせたことに始まり、最終的にはルイ14世によって1666年に創立された。創立当初は、地理、天文、機械、解剖、化学、植物の6分野で活動開始し、その後1785年に物理全般、自然誌が加わった。フランス革命期の1793年に一時廃止されるが、1795年に前記のフランス学士院の一つとして再建された。その後20世紀を通じて会員数が増え、2019年4月には269名となり、このほかに海外会員が119名いる。

科学アカデミーの任務と活動は、科学的な活動および科学教育の推進、知識の伝達、国際協力の促進、確実な専門的調査と助言である。また、表彰活動を実施しており、篤志家の寄付、政府の援助等をもとに、テーマごとの賞（7500ユーロ）と大賞（1万5000ユーロ）が毎年授与される。

(3) コレージュ・ド・フランス

コレージュ・ド・フランス（Collège de France）は、フランスにおける学問・教育の頂点に位置する機関であり、大学等を含むEPCSCPの中で、一段高い「高等機関」に位置付けられている。パリ5区カルチエ・ラタンのマルスラン＝ベルトロ広場にある。

創設は古く、前記の科学アカデミーよりもさらに100年ほど前の16世紀初頭にさかのぼる。1530年、フランソワ1世が王室講師を任命したことが始まりで、1550年、数学、ギリシャ語学およびヘブライ語学の3学科をもって開設された。その任務は、まだ大学では認められていない学

コレージュ・ド・フランスの建物

問を教えることであった。

コレージュ・ド・フランスで定期的に行われる講義は一般の人々にも公開されており、「市民大学」的なものとなっている。教授に選任されることは、フランスの最高の学問的栄誉として位置づけられ、テーマの選定を含め学問上の一切の自由が保障されており、報酬も高額である。47名の教授から構成され、数学、物理学、化学、医学、人文社会科学、文学、哲学まで幅広い範囲を網羅している。47名の5分の1ほどは外国人である。

毎年、国内外の科学界を刺激するため社会的に重大な課題について学際的なシンポジウムを開催している。コレージュ・ド・フランスは２００８年には直属の財団を設立しており、寄付金を活用して教授の研究活動、博士課程学生教育、ポスドク支援および資料のデジタル化などを進めている。

7章

公的研究機関および大学における研究環境

1　公務員たる研究関係者の職種、給与、評価等の研究環境

ここでは、およそ公務員であることから受ける所与の研究環境を紹介するが、これは、フランスの多くの高等教育・研究に関わる公的な機関の研究者が受容しているものである。やや詳しい内容となっているが、行政管理的な厳格な仕組みを理解していただきたい。

(1) 職種

主として科学・技術的性格の公的機関（ＥＰＳＴ）で公務員として研究に従事する者は、常勤と非常勤に分かれ、また、その職務内容から研究者、研究技術者などの職種に区分される。研究者は、博士号取得者であることが必須である。

研究者には、通常の研究員と管理職級の研究官の二つの職種がある。研究者は、通常年一回、一定の資格と一定年数の実務経験に基づいて公募され、競争試験と面接により公的研究機関ごとに採用される。任命者は公的研究機関の長である。

次に研究技術者は、研究者とともに研究、人材養成、管理、成果普及および実用化の全ての業務に関与する。資格として、大学またはグランド・ゼコールの技術者資格が求められる。博士号を有する者もいる。

このほか技術補助者、研究支援者、事務補助者などが研究関係者として関わっているが、それぞれの職種には、バカロレアをはじめとする資格および採用方法が対応しており、職種団体としてもま

とまった扱いを受ける。

(2) 給与

給与は、職種、等級、号俸という基本的仕組みで決定される。号俸ごとに本俸が対応しており、一定の勤続年数の経過により同じ等級の中で号俸が上がる。

通常の研究員の給与表の最低レベルは、月額2100ユーロ(約26万円)で、管理職級の研究官は、3100ユーロ(約39万円)から始まる(2019年1月)。後に述べる教職研究員である教授および准教授の等級における最低ランクもほぼ同様の額であるが、上級になると大学の方が高くなる。研究者には、本俸の20数%の手当が上乗せされるが、これは、他の一般公務員や教職研究員に比して少ない。ちなみに研究者として就職する平均年齢は34歳で、その給与は公定の最低賃金(2019年1月現在1521・22ユーロ)の1・7倍と言われる。

研究員の職種内の昇級等は、通常4年以上の勤続年数の経過を要し、所属機関の内部委員会による審査を経て機関の長が決定する。管理職級の研究官への昇級は、公募も含めた競争選抜で行われる。

(3) 内部異動

研究者の内部異動は、研究テーマの発展、転地の必要性、昇進などが絡む職業上の重要な選択である。この内部異動に関してCNRSの事例を紹介する。なお、研究技術者、技術補助者等の異動は、別のシステムで行われる。

内部異動を希望する研究者は、希望の受け入れ先を特定し、受け入れ先および現に所属するユニットの長の意見を集め、受け入れ先ユニットが属する研究部門に科学的計画および異動希望日等を含む要望書を提出する。受け入れ先ユニットが属する研究部門は、受け入れを希望する研究者の要望を検討し、その研究者と面談のうえ、受け入れの可否を決定する。その際研究部門は、現在在職するユニット長の了解を確認することがある。特に異動志望者がANR等のプロジェクト研究費の責任者である場合には、困難が伴うこともある。また、科学研究国家委員会（CoNRS、第5章1（4）参照）の意見を聞く場合、異動がその開催時期（春、秋）に左右されることになる。第8章で述べる混成研究ユニット（UMR）等の改廃に伴い異動が必要な場合、通例研究者自身がCNRS内のネットワークを活用して研究パートナーを探し新しいチームを構成していく。CNRSでは、2018年には300件近くの研究者の内部異動があった。

以上の例はCNRSの事例であるが、INSERMでは、CNRSのような制度に加えて通年でも内部募集を行っており、これに応募して異動手続を取ることができる。

（4）評価

研究者の評価は、公的研究機関の長が定める規則に基づき機関ごとに行われ、本採用時から始まる。この評価は、研究者個人の研究内容に関する助言、支援と位置付けられる。ちなみに国の評価機関であるＨＣＥＲＥＳは、機関評価は実施するが、個々の研究者の評価は行わない。

ＣＮＲＳの場合、研究者が提出する活動報告に基づきユニット長が評価を行う。評価の項目には、論文、実施した講演、特許、他機関との研究協力、委員会活動への参加、研究管理等が挙げられており、それに加えてＡＮＲの研究プロジェクトのリーダー、国際的な研究レビューへの参加、教育への参加等の実績があれば、より高い評価を得ることができる。評価結果は、良好レベルから警告を発するレベルまで5段階に分かれている。評価後はフォローアップが実施される。ＣＮＲＳでは、この評価に加え2年半に一回ＣｏＮＲＳが１０００人以上の国内外の科学者を動員して特別な評価を行い、研究の成果、方向などに関する意見を述べる仕組みを設けている。

フランスの主な表彰制度としては、フランス物理学会が理論物理学において功績のあったフランス人物理学者に毎年授与する「ポール・ランジュヴァン賞」、科学アカデミーが数学、物理学、化学および生物学における業績に対して毎年授与する「ランジュヴァン賞」、パリ高等師範学校およびユージン・ブロック財団が物理学分野の優れた研究者に対して毎年授与する「3人の物理学者賞」、さらに欧州レベルでの研究・イノベーションの推進に貢献のあったフランス研究チームに贈られる「トロフィー欧州の星」（ＭＥＳＲＩ主催）が挙げられる。ＣＮＲＳでは、金メダル（毎年1名、１９５４年創設）、イノベーションメダル（２０１８年3名、２０１１年創設）などの表彰制度（２０１８年は総員80名以上が受賞）によって研究者の業績に報いる仕組みを運用している。

（5）博士課程指導・研究手当

博士課程指導・研究手当は、大学の教職研究員および公的研究機関の研究者両者を対象としており、毎年2月にMESRIが募集し、過去4年間の論文、博士課程学生指導などの業績をもとに申請が行われ、教職研究員については大学審議会（CNU、第6章5（1）参照）が、研究者については、MESRIがこのために設置する委員会が、それぞれ評価し受給者を決定する。手当の額は、3500ユーロ（約44万円）からノーベル賞受賞者を対象とする25000ユーロ（約313万円）までである。2016年の統計では、合計1万2029人が受給し、受給額は平均で約5000ユーロであった。この手当に関わる評価にあたって、A、BおよびCのランク付けが行われるが、Aを20％、Bを30％、Cは50％とする方法が取られていることに懸念を表明する研究者もいる。

元々この手当は、「優秀科学手当」という名称でサルコジ政権時に導入されたものであるが、研究者を優秀な者とそうでない者に分けることになるとの批判が出たため、オランド政権になってから現在の名称に変更されたという経緯がある。

2　大学の教職研究員の資格および処遇

（1）資格と採用

教授、准教授は、常勤の教職研究員として教育と研究の両方を行う。

郵便はがき

料金受取人払郵便

中野局承認

7003

差出有効期間
2020年5月
31日まで

164-8790

040

東京都中野区東中野4-27-37

(株)アドスリー
編集部 行

お名前 フリガナ（ ）	
	ご年齢（ ）才 男・女
ご住所（〒 － ）	
TEL（ － － ） FAX（ － － ）	
E-mail	
ご所属	

業種	□教育関係者 □研究機関 □医療関係者 □会社員 □学生 □その他（ ）	職種	□会社役員 □会社員 □教員 □研究員 □学生 □その他（ ）

ご購入いただき誠にありがとうございます。
お手数ですが、下記項目にご記入いただき弊社までご返送ください。

ご購入書籍名

本書を何で知りましたか？

□ 弊社図書　□ 弊社 HP　□ 雑誌およびメディア紹介　□ 広告
□ 書店　□ その他（　　　　　　　　　　　　　　　　　　）

本書に関するご意見をお聞かせください。

内容　（大変良い・普通・良くない）
　　　（わかりやすい・わかりにくい）
価格　（高い・適正・安い）
レイアウト　（見やすい・普通・見づらい）
サイズ　（大きい・普通・小さい）

［具体的に　　　　　　　　　　　　　　　　　　　　］

上記関連書籍で良くお読みになられる書籍（雑誌）

［　　　　　　　　　　　　　　　　　　　　］

関心のあるジャンル（最近購入したもの・今後購入予定のもの）

［　　　　　　　　　　　　　　　　　　　　］

今後、具体的にどのような書籍を読みたいですか？

［　　　　　　　　　　　　　　　　　　　　］

弊社発行の書籍およびシンポジウムの案内を送らせていただいております。
今後、案内等を希望されない場合には下記項目にチェックをしてください。

□ 希望しない

常勤の教職研究員への応募資格として、教授の場合、国内で最高の資格と言われる研究指導資格（HDR）を保持し、過去8年間のうち5年間専門的活動に従事したこと、常勤の連携教授（一定時間の教育義務を負う非正規の教職研究員のポスト）であったことなどの要件が定められ、そのうち最低一つを満足する必要がある。准教授の場合は、博士号取得者であり過去6年間のうち最低3年間専門的活動に従事したことなどの要件が設けられ、最低一つは満たす必要がある。

サルコジ政権時に、同一分野の同僚（ピア）によって選考する方法が、少なくとも半数以上は、大学外の専門家を入れて大学ごとに設置される選考委員会による選考によって採用する現在の方法に変更された。また、選考委員会のメンバーの男女比、教授代表とその他の職員代表の比は、それぞれ同数とされる。

(2) 処遇

教授職には、第一級、第二級および特別級があり、各級間の昇級には最低18か月を要し、CNUが昇級を審査、決定する。准教授職の場合、給与表が異なる二つの級があり、上位級への昇級には、下位級での最低5年の在級年数が要求される。昇級は教授職と同様、CNUが審査、決定する。CNUは、教授職の特別級の比率を全国的に20％と決めていると言われる。

教職研究員は、採用6年後から、研究テーマの探索、ANRのプロジェクトリーダーの任務遂行などため、最大12か月間研究休職をすることができる。

教職研究員の50歳での平均給与は、3482ユーロである。

(3) 総数

研究に従事しているとされる教職研究員の総数は、2016年／17年学期について8・64万人であり、この20年間に20・1％増えた。このうち、教授は2・03万人、准教授は3・64万人である。2016年の採用で見ると、教授の20％、准教授の44％が学内採用であった。理系については、学外採用が多い傾向にある。外国人の採用で見ると、2016年で、9％の教授、17％の准教授が外国人であった。なお、CNRS等の公的研究機関から常勤の教職研究員となった者は、2014年期の採用で教授11名、准教授1名と非常に少ない。公的研究機関の相当数の研究者が、後述するUMRなどを通じて大学の教育、特に博士課程教育に実際参加していることも背景にあると考えられる。

(4) 評価

教職研究員個人の評価は、教職研究員が5年ごとに自ら作成する活動報告書に基づく「経歴追跡調査」によってCNUが行う。この調査は、業務上の支援という位置付けで、この結果が昇任などに反映されることはない。つまり、教職研究員の研究分野に属する科学者によるピアレビューであり、その活動をフォローし、解決策を示唆することが目的となっている。

この経歴追跡調査に関し、MESRIが2013年から4年間、提出適齢者の提出状況を調査したところ、64・80％から11・73％に大幅低下していることが分かった。そこで同省は、CNUおよび大学学長等会議（CPU、第6章5(2)参照）と協議し、様式の簡素化、提出情報の秘匿化などの改善措置を講じたうえで、2017年に再度調査を実施したところ提出状況が改善された。結果は、調査対象教職研究員のうち、約10％が活動上の指導が必要という状況であった。

3 若手研究者の研究基盤形成に対する支援

(1) ANRによる若手支援

ANRは、若手研究者プロジェクト（JCJC）を設けており、国籍に関わりなく公的な研究機関の常勤職にある若手研究者がコーディネーターとなり、若手で構成されるチームを立ち上げる支援をしている。

申請者は、研究内容、研究方法、インパクト、チームの能力、必要経費などを取りまとめてANRに申請する。審査にあたっては、常勤職と非常勤職のバランス、ポスドクの長期採用（12か月以上）の必要性、施設利用に関する機関の長の事前了解なども考慮される。大学などで教育義務のある若手研究者には、研究に専念できるよう教育に必要な代わりの人材を補充する手当を支給している。支援額は、3年間で総額20万ユーロに上る。

2017年は、MESRIの要請もあって優先的に予算を増額し、298名が選考された。採択率は14・4％であった。

このＪＣＪＣとは別にＡＮＲは、ＥＲＣのグラントに申請して惜しくも落選した若手研究者に研究内容を向上させて再度挑戦させるため「トランポリンＥＲＣ」という制度を設けて支援している。

（2）CNRSにおける「モメンタム」

ＣＮＲＳは、２０１６年から、「モメンタム」という若手研究者の支援方策を開始している。対象者は、ＣＮＲＳの研究者を含めた全ての研究者であり、国籍は問わない。２０１７年のモメンタムでは、２０１０年12月末以降に博士号を取得した者を対象とし、対象分野は、生物モデル、複雑系の理解、大脳解析方法、データ科学の地球および宇宙への応用など13分野である。ＣＮＲＳ内の選考委員会が選考し、受賞者には、3年分の給与、毎年6万ユーロの研究費およびポスドク1名と技能者1名の給与が支給される。２０１７年は、４３０名の応募から19名（米国人2名、スウェーデン人1名を含む）を選定した。

（3）CNRS-INSERM共同の「ATIP-Avenir」

ＣＮＲＳのＡＴＩＰ、ＩＮＳＥＲＭのＡｖｅｎｉｒという若手支援方策が２００９年に統合され、両機関の共同方策として「ATIP-Avenir」が誕生した。対象分野は、ライフサイエンスおよび医科学である。対象者は、博士号取得後10年未満の若手研究者で、国籍および所属機関、また、その常勤・

非常勤も問わない。

受賞者は、2年間の雇用契約の下、毎年6万ユーロの研究費を受領し、受け入れ研究部門から研究資材等の供与を受ける。また、受賞者には、受け入れ研究部門で最低50平方メートルの研究室が供与される。もし受け入れ先が未定の場合は、CNRSまたはINSERMが研究室の準備を支援する。この創設以来、CNRS関係234名、INSERM関係172名の合計406名を支援してきた。

なお、前記(2)も含めこれらの若手支援方策の対象者は、数が限られていることもあり、受賞者にとっては、将来のキャリア・メイク上極めて栄誉あるものとなっている。

4 研究費

(1) 研究費の区分

研究費は、政府の機関補助、ANRのプロジェクト研究費、地方自治体および企業などとの契約による資金、事業ごとに単発で支給される事業費(イベント開催費用など)、欧州の枠組プログラム(Horizon2020等)から取得するプロジェクト研究費に分かれ、これに特許等の使用料収入など自己資金と言われるものが加わる。

政府の機関補助は、機関の任務を遂行するため契約に基づき政府から支給される人件費および基盤的な研究費等である。機関補助は、研究上の需要に使用するのであればどの費目にも使途可能であるが、人件費への流用には厳しい制限がある。通常、予算において機関ごとに常勤職員の採用上限が決められている。機関補助は、予算人員などに応じて一定の比率で研究ユニットに配分される。公的研究機関全体の予算に占める人件費の割合は、約69％（２０１６年）となっている。この人件費は厳しい中央の管理の下にあり、非常勤の採用についても、一定期間を超えるその雇用が常勤としての雇用義務につながることもあり、柔軟性は極めて小さいと言える。

ＡＮＲおよびＥＵの枠組プログラムのプロジェクト研究費、地方自治体および企業などとの契約による資金は、公的研究機関独自の努力で獲得される資金である。この場合費目間の流用など詳細な条件に関しては、個別の制度、契約により定められている。地方自治体・企業などとの契約による資金や支給目的が明確な事業費は、当該年度内の支出が義務付けられる。

(2) プロジェクト研究費の位置付け

２００５年のＡＮＲの創設以来、フランスでもプロジェクト研究費が活用されてきている。ここでは、公的研究機関におけるプロジェクト研究費の占める位置をＣＮＲＳの例で見てみたい。

ＣＮＲＳの２０１７年の支出総額は、国からの機関補助やＡＮＲ等からのプロジェクト研究費を含めて約33億ユーロあまりに上るが、大学等でＵＭＲを構成するＣＮＲＳの研究現場で話を聞くと、機関補助による研究費だけでは不十分であり、プロジェクト研究費で不足分を賄っていると言われることが多い。

図11　CNRS予算の財源と使途の内訳（2017年）

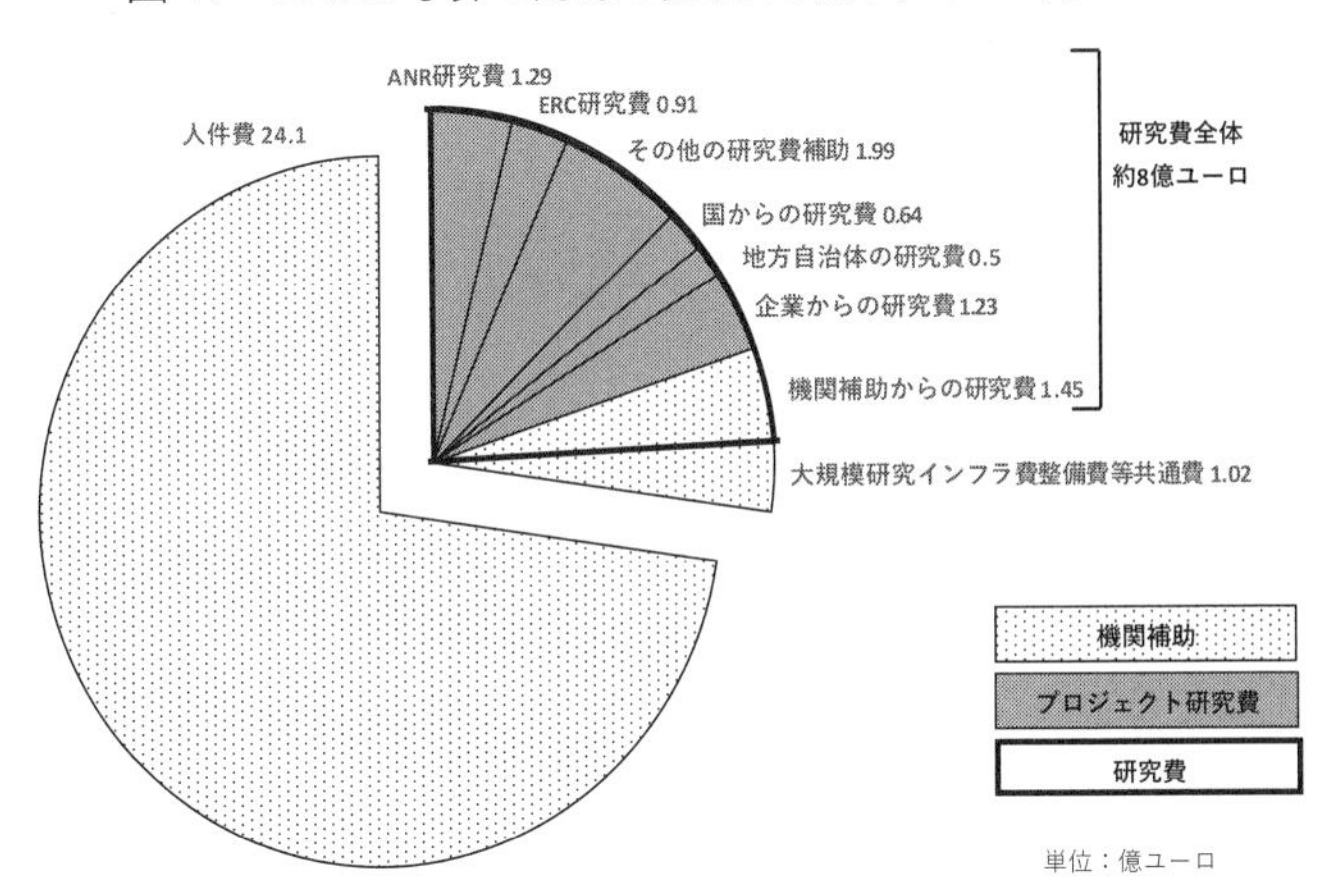

出典：CNRSの資料をもとに筆者作成

ＡＮＲ全体の資金規模はさして大きいものではないにもかかわらず、ＡＮＲ等からの研究費がＣＮＲＳの現場の研究室にとって重要だと感じる点について、図11に示すＣＮＲＳの予算の財源と使途の内訳で大まかに見てみたい。

ＣＮＲＳが国から受けている機関補助は約27億ユーロであるが、うち約24億ユーロが人件費であり、残る約２・５億ユーロから大規模研究インフラ整備費等の共通経費を除いた分の約１・４５億ユーロが、機関補助からの研究費として現場の研究室で使用可能となる。各研究現場では、この機関補助からの研究費に加え、ＡＮＲから約１・２９億ユーロ、ＥＵのＥＲＣから約０・９１億ユーロ、そのほかＰＩＡ、地方自治体、企業などの委託、特許料収入により約４・３６億ユーロ、合計で約８億ユーロが研究現場の裁量により使用できる研究費となる。

つまり、プロジェクト研究費はＣＮＲＳ全体の予算での比重は小さいものの、現場の研究室で自分たちの裁量により使用できる研究費という観点では、かなり大きく感じるのである。したがって、現場の研究室から見れば、ANRやEUをはじめさまざまなプロジェクト研究費の獲得が重要となる。

このようにプロジェクト研究費の資金源は、ANR、ERC、PIA、地方自治体および企業と多岐にわたり、この多岐性がある意味で研究現場の自由度を高めているとも言える。一方、監督する側から言えば、これは財源と評価との関連付けを困難にしている状況と見なされ、2018年7月の国民議会報告でも、今後、改善の余地があるという指摘がなされている。

(3) プロジェクト研究費の課題

プロジェクト研究費は、現場の研究室レベルでは重要となりつつあるが、課題も多い。ANRの資料によれば、フランスの場合、国の機関補助を含む研究費全体の中でプロジェクト研究費の占める割合は、約24%と言われており、英国の約35%、ドイツの約45%、米国の60%以上と比較すると低い。

ANRの資金規模は、最近増額に転じたとは言え、増額幅はかなり少なく採択率も低いため、研究者にとっては魅力的な資金源とはなっていない状況と言える。また、EUの枠組プログラムからフランスの研究者が獲得する資金も、全体の中の獲得比率で見ると、枠組プログラム5以降連続して低下している（獲得率は、第12章2（1）参照）。2018年7月の国民議会報告で示された調査結果では、こういった状況を裏付けるようにフランス全体の75%の研究者が機関補助による研究費を重視しており、プロジェクト研究費を優先するべきと考えている研究者は2％にしか過ぎず、残る23％の研究者も、十分な予算が確保され高い採択率が保障されるのであれば優先すべきという考えであった。政府としては、硬直化する人件費対策などさまざまな改革を進める必要がある中で、他の主要先進国と同様に競争的な制度としてプロジェクト研究費の獲得を重視する方向に舵を切っていこうとしているが、機関補助による基盤的研究費の拡充を求める研究者が多いことが大きな課題となっている。

こういった状況に対応してCNRSでは、誰でも自由にプロジェクト研究費の申請ができる「エメルジェンス」と称する制度により、CNRSに所属する研究者の申請を支援する方策を講じ、プロジェクト研究費の獲得を促進している。また、特にEUの枠組プログラムに申請する際は、関係する研究者が申請者の作業を専門的に支援している。この努力もあってERC2018年年報によれば、2018年12月までに採択されたHorizon2020の「先進グラント」425件のうち、CNRSが主任研究者を務める課題が43件採択され、EU内でトップとなった。ちなみにこのグラント採択では、CNRSの後にマックス・プランク科学振興協会、オックスフォード大学が続いている。また、MESRIにおいても、今後、EUの枠組プログラムからのフランス人研究者の資金獲得を増やすため、アクション・プランを策定して促進し、また、キャリア評価などにおいてこの獲得努力を考慮することを検討しており、将来の申請数の増加を期待している。

フランス政府要人からもこのプロジェクト研究費に関する発言が続いており、2019年2月、ヴィダル大臣が複数年予算計画法案策定の方針を示した演説において「我々は、競争的資金を設けるという考えを歪めてきた、これは決して過度な競争をあおる選考を行うことではない」と強調し「プロジェクト的研究は、科学的な評価と資源配分をつなげる方法である」と述べている。また、時を同じくしてフィリップ首相が、政府としてプロジェクト研究費への財政措置を強化する姿勢を表明している。後に述べる研究の複数年予算計画法案のための作業グループが「競争的研究費」について行う審議が注目されるところである。

（4）間接経費の扱い

外部からのプロジェクト研究費の獲得に際し、研究費に付加されて支給される間接経費（オーバーヘッド）は、フランスではプレスィピュ（préciput）と呼ばれている。

ＡＮＲの間接経費は、ＡＮＲ創設後2年を経過した２００７年から導入された。大学やＣＮＲＳ等への研究費配分実績に占める間接経費の割合を見ると、当初、全ての機関に対して5％程度で始まり、その後ＣＮＲＳでは5％未満で推移し、大学では最大25％程度、平均的には20％程度で変動した。現在、間接経費は、プロジェクトの実施場所の管理者（主に大学）へ支払われる間接経費（11％）と、契約事務担当機関に支払われる間接経費（８％）で構成される。実施場所の管理者は、この経費を研究インフラの整備、維持、運営のほか研究チームの最適な研究環境の整備のために使用することが可能である。また、ＣＮＲＳのＵＭＲ等の現場でも2ないし４％を契約事務担当機関となる地域代表部に供出するなどの方策が取られている。

プロジェクト研究の仕組みの一環である間接経費は、原則として研究のコスト総額や人件費の算定を機関補助の枠組で考えている組織運営の中では、いまだ十分に成熟した制度とはなっていない。今後さらに論議が続けられていくことが期待されるが、ちなみに後述する「高等教育・研究白書」などにおいては、ＥＲＣが採用している25％が適当ではないかと示唆しており、一方で２０１８年7月の国民議会報告では、20％とすることを提起している。プロジェクト研究費を増額しその比重を大きくしていくとなると、間接経費の扱いは、人件費も関わってくる重要な課題となるであろう。

5　研究現場とフランス語

フランス語は、話者数2・74億人を誇る世界第5位の言語であり、また、憲法上フランスの国の言語と定められている。

一方、言うまでもなく、第二次世界大戦後の世界における英語の広がりには、目覚ましいものがある。高等教育や科学技術・イノベーションの分野では、米国や英国などの英語圏の国々の力が他を圧倒しており、他の西欧主要国であるドイツなどや、英語圏ではない日本、中国、ロシアなどにおいても英語で研究成果が発表されるとともに、研究者同士が議論する際の言語は、英語が標準となってきている。この傾向はフランスでも同様に見られ、１９９０年代以降は、国際化の名目で研究や教育の現場での英語の使用を容認する方向に舵を切り、さらに「高等教育・研究法」では、国際的なプログラムでの英語の講義が公認された。

研究や教育の現場での英語化の動きについては、すでにその成果が現れており、外国人学生の流入も増加し、研究者の外国人比率も着実に上昇し、そして国際的な共著論文数も増大している。たとえば、外国人准教授比率は、17％、ANRの審査員の外国人比率は58％、公的研究機関の研究者の中での外国人比率は約20％と高い。また、外国人学部学生比率は、12・5％、外国人博士課程学生比率は42％である。さらに後述するとおりCNRSによる国際共著論文比率も60％に達している。政府の調査でも、比較的英語で活動する場合が多いという研究者も入れると、全体の90％以上が英語で研究や教育の活動をしている。

8章

フランス独自の研究システム
——混成研究ユニット（UMR）

フランスのＣＮＲＳなどの公的研究機関では、大学などと契約を結んで研究を行う混成研究ユニット（ＵＭＲ）という独特の研究システムを構築しており、フランスの多くの研究者がこの研究システムで活動している。ＣＮＲＳによれば、ある研究室がＵＭＲとなることは、フランスの研究の世界で一つのステータスになることであると言われる。ここでは、ＣＮＲＳのＵＭＲを中心に述べる。

1　ユニットの種類

ユニットとはＣＮＲＳの活動単位であり、ＣＮＲＳ全体で見ると２０１７年時点で１１４３ある。ＵＭＲの平均人員は30数人という規模で、数人程度から数百人に達するものまであり、その運営の特色もユニットによってさまざまと言える。なお、このユニットはＣＮＲＳだけの制度ではなく、ＥＰＳＴであるＩＮＳＥＲＭなどにおいても、ＣＮＲＳほど数は多くないが、類似の形態でユニットを設置している。

ＣＮＲＳの研究ユニットは、大学やグランド・ゼコールなどの高等教育機関、他の公的研究機関、企業などと連携して設置される「混成研究ユニット（ＵＭＲ）」、ＣＮＲＳが主体となる「純ＣＮＲＳ研究ユニット（ＵＰＲ）」、海外の大学、研究機関、企業などと連携して設置される「国際混成研究ユニット（ＵＭＩ）」が主体となっている。一方、研究を支援するユニットとして、大学等と連携する「研究支援混成ユニット（ＵＭＳ）」、ＣＮＲＳが主体となる「純ＣＮＲＳ研究支援ユニット（ＵＰＳ）」がある。研究と支援の両方を行う「研究・支援ユニット（ＵＳＲ）」もある。これらユニットに

表3　CNRSのユニットの概要

研究ユニット種別	略称	数	内容
混成研究ユニット	UMR	837	大学、グランド・ゼコール等との混成研究ユニット
純CNRS研究ユニット	UPR	30	主としてCNRSが運営を担う。
国際混成研究ユニット	UMI	36	国際協力のために設置される混成研究ユニット
研究支援混成ユニット	UMS	111	研究支援を行う混成のユニット
純CNRS研究支援ユニット	UPS	22	研究支援を行う独自のユニット
研究・支援ユニット	USR	65	研究と支援双方を行うユニット
暫定研究ユニット	FRE	22	研究課題の見直しなどを行う過渡期にあるユニット
その他	－	20	その他のユニット
合　計		1,143	

出典：CNRSの2017年年報をもとに筆者作成

は、基本的に通し番号が付されており、そのうえで固有の名称を付し、○○研究室(laboratoire) と称されることがある。研究ユニットは、5年に一度はHCERESの評価を受ける義務があり、これを受けて研究ユニットの改廃が行われるが、研究の進展などから必要があれば、CoNRSの評価の下に随時研究ユニットの改廃を行うことができる。

これらのユニットの種別と数など概要を表3に示す。

2　UMRの歴史的経緯と基本的枠組

表3にあるように、CNRSの全ユニットの73%を占める837がUMRであり、CNRSの主要な活動を担っている。

UMR設置の歴史的経緯は1960年

代初めにさかのぼり、当時、ＣＮＲＳやＣＥＡなど国の研究機関の役割が大きくなった頃から、その成果を教育の場面に反映させるべきではないかという議論があり、一方、ＣＮＲＳなど公的研究機関が、基礎研究に必要な施設を充実させていくと大学の研究能力が伸びない、という懸念が出されていたことが契機である。このため政府は１９６６年、高等教育との関係を含めＣＮＲＳの活動のあり方を再検討し、ＣＮＲＳが全ての学問分野を対象として研究を支援できることとし、そのうえで「連携研究室」という考え方を提案した。この連携研究室は、ＣＮＲＳが大学と契約を締結して人的、資金的に支援し、共同で研究室を運営するものであった。この連携研究室が今日のＵＭＲの原型であり、その後、連携する対象がグランド・ゼコール、他の公的研究機関、民間企業などに広がっていく。

ＵＭＲに関わる基本的な枠組は、ＣＮＲＳが２０１０年11月に大学学長会議（ＣＰＵ）との間で締結したＵＭＲの設置に関する基本協定で設定されている。この基本協定では、学部や博士課程の教育の充実、フランスの科学的な魅力の向上、欧州・国際レベルの研究成果の達成に大学とＣＮＲＳが共同で取り組むうえで、大学の敷地内にＵＭＲを設置・運営することが極めて有効な方式であるとしている。この基本協定に基づくモデル契約に沿って、大学とＣＮＲＳがＵＭＲの設置・運営に関する個別契約を締結している。

３　ＵＭＲの運営

通常、ＵＭＲは、大学などの建物内に置かれ、ＣＮＲＳの研究者と大学などの教職研究員、博士

ストラスブール大学内にあるCNRSのUMR

課程学生などがそこで一体となって活動している。UMRは、前記のとおり大学とCNRSが締結するUMRに関する個別契約に従って運営される。具体的には、UMRの研究の方向、予算配分、購買手続、施設管理、労働安全衛生、情報管理、発表機関名を含む論文の作成や特許等の手続、勤務時間管理等が個別契約で規定される。ANR、EUからの研究費などの配分、あるいはそれに伴う間接経費の配分も詳細に定められる。科学的内容の決定から労働安全、機密保全など運営上の決定までを行うUMRの責任者は、CNRSの理事長と連携する大学などの組織の長が共同して指名する。任期は5年である。この責任者は、科学的な進展を含めて所属する研究部門の幹部と日常的にコミュニケーションをとっている。UMRを構成する研究チームのリーダーは、その所属するチーム員が自発的に選出する。派遣元を問わず全ての所属員に対する管理、また、大学およびCNRSから配分され、事実上一本化された予算の全てに対する管理は、

ＵＭＲに設けられた協議会の意見を踏まえ、その責任者が統括して行う。予算総額の一定割合（10％など）を責任者の裁量権の下に使用し、柔軟な運営を確保する方策が取られている場合もある。

研究の進展があった場合は、ＣＮＲＳに１６６設けられている「研究グループ会合（Groupement de recherche：GDR）」を適時的に開催し、研究者のネットワークを活用して大学の教職研究員を含む関係分野の研究者を集め、情報交換をし、研究体制のあり方を検討し、必要に応じて部門長や幹部と協議し、ＵＭＲ等の再編に随時つなげる、という作業が行われている。なお、定期的なものも含めＵＭＲの再編作業は、第5章1（4）に述べるCoNRSでの評価を経て行われる。

また、研究休職制度を活用して、大学などの教職研究員がＣＮＲＳの研究現場で研究に専念する場合、その教員の欠員を補充する代員の雇用費用をＣＮＲＳが大学側に支払う仕組みがある。また、ＣＮＲＳの研究者が契約的身分で教育に携わる場合の手当を支給する仕組みもある。比較的層の厚い研究支援者を抱えるＣＮＲＳの体制に大学が支えられているという面もある。

ＣＮＲＳなどの公的研究機関が所管省との契約で定める優先度や目標を達成するうえで、ＵＭＲを介した大学との協力活動が果たす役割は非常に大きく、一方、大学側から見ても、政府が進める大学等の連携強化の施策であるＣＯＭＵＥ、ＩＤＥＸ、Ｉ－ＳＩＴＥ（第10章1参照）などの目標達成においてもＣＮＲＳ等とのＵＭＲにかなり依存していると言える。このように大学等とＣＮＲＳの間には、教育、研究の両面にわたり互いの役割を生かす関係が築かれていると言える。

以上、主にＵＭＲの運営の利点を強調して紹介したが、一方でＵＭＲに関わる制度・手続には、オランド政権時の努力にもかかわらず依然として改善の余地があり、２０１８年７月の国民議会報告は、個々のＵＭＲに対する監督機関数の削減、機関間で異なる情報処理システムの統一などを指摘しており、今後さらなる改善努力が求められている。

4 フランスの研究システムにおけるＵＭＲの位置付け

ＣＮＲＳのデータによれば、ＣＮＲＳの研究者１万１１７９人の約86％の約９６００人がこのＵＭＲでの研究に従事している。研究技術者や研究支援者などで見ても、全体の約62％がこのＵＭＲで従事している。一方、別のデータによると、大学等からＣＮＲＳの主にＵＭＲに参加している教職研究員の数は、２万９２８４人である。さらにＣＮＲＳ以外の公的研究機関からＣＮＲＳのＵＭＲに参加している研究者は、約５０００人と言われている。これらの約９６００人、２万９２８４人および約５０００人を総計すると、ＣＮＲＳのＵＭＲで研究をしている研究者は、全体で４万４０００人近くに達する（以上２０１７年）。この人数は、フランス全体の公的部門の研究者数約11万人（公的研究機関５万人、大学（教授および准教授）６万人）の40％近い数字であり、おおよそ２人に１人がＣＮＲＳのＵＭＲで研究をしている計算となる。ＵＭＲは、大学に拠点が置かれる場合がほとんどであり、ＵＭＲに関連する多くの研究者は、大学と切っても切れない関係となるため、フランスにおいては、大学を取り巻くあらゆる問題が直ちに研究者全体の問題につながる要素ともなっている。

以上に述べたように、他の公的研究機関とともにＣＮＲＳと大学によって構成されるＵＭＲが、

図12　UMRを構成する研究者数の概観

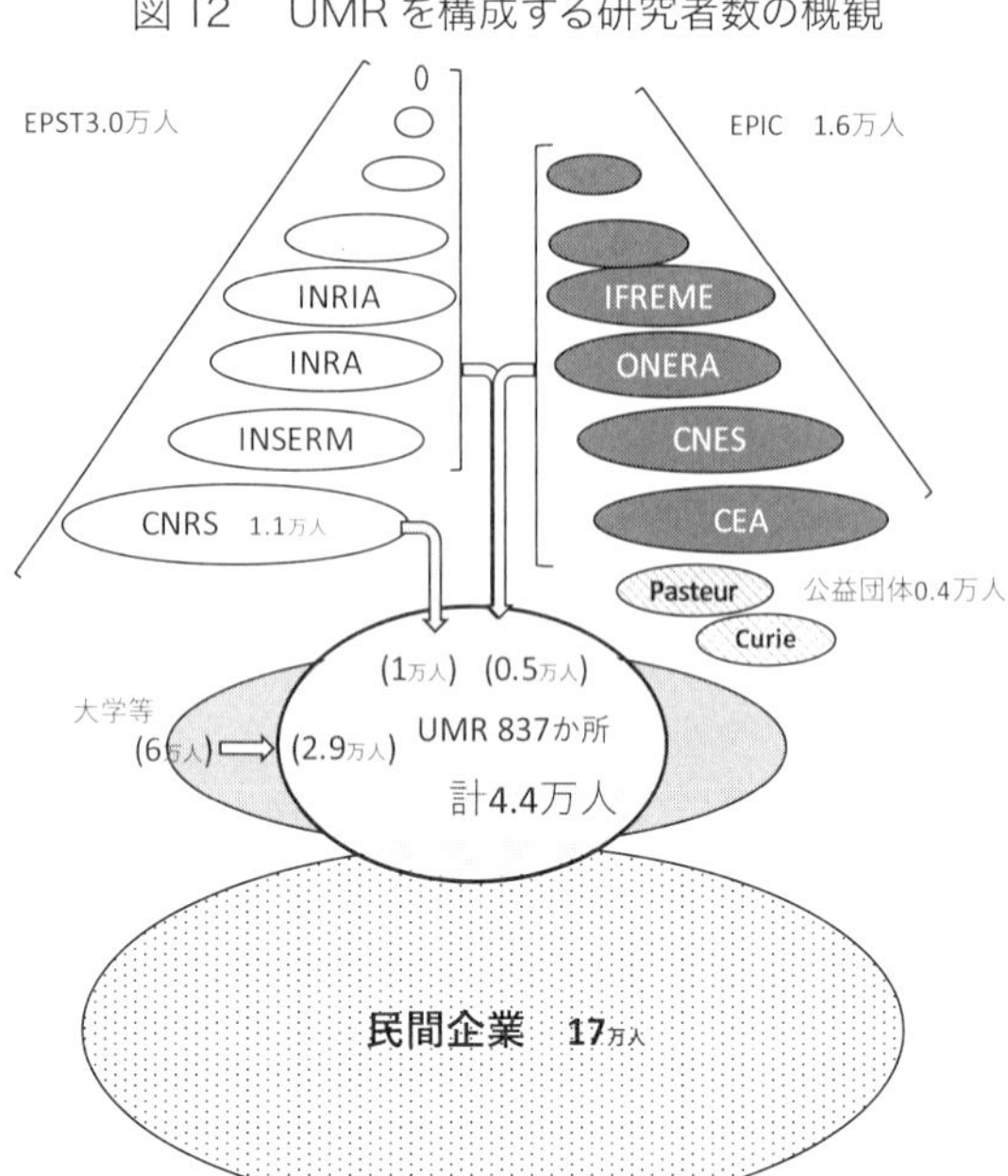

出典：MESRIおよびCNRS等の資料をもとに筆者作成

フランスの研究システムにおいていかに大きな比重を占めるものであるかを示したのが、図12である。

近年UMRは、企業との連携でも重要となってきている。UMRに企業も参加する形が生まれてきたのは、1990年代頃からと言われている。UMRへの企業の関与の仕方は、大企業参加型と中小企業・スタートアップ参加型の二つに大別される。大企業参加型では、CNRSと対等の立場で企業がUMRの運営に参画することが多い。具体的な企業としては、フランス電力（EDF）、タレス（航空宇宙、防衛）、ソルベイ（化学）などが挙げられる。一方、中小企業・スタートアップ参加型は、UMR内に研究チームを構成する方式で研究に加わる形態を取っている。

企業がCNRSのUMRに参加する意義は、CNRSや大学の基礎的な研究が製品の開発や改良に役立つこと、UMRに参加している博士課程学生の中には、学位取得後にUMR参加企業に研究員として就職する場合があることであり、CNRSや大学の研究者、博士課程学生にとっては、企業の研究員と一体となった研究を通じて市場の変化の速さを理解できるようになることなどである。

このUMRの体制は、CNRSの国際協力にも重要な役割を果たしている。前述のように、国外の大学や研究機関等と連携して設置する研究ユニットは、国際混成研究ユニット（UMI）と呼ばれるが、このUMIの数が近年増加している（2010年21か所から2017年34か所）。今日CNRSの名前で公表された論文の60％近くは、外国の研究者あるいは外国の共同研究チームとの共著となっており、UMIの重要性は増大している。

文献データ・ベースScopusに収録されたフランスの2017年の論文やコンフェレンスペーパー等の文献の数は約12・3万件（世界第7位）で、そのうちCNRSの研究者が作成した文献の数は約4・5万件（約37％）を占める。UMRの寄与もあり、CNRSの研究者が作成した文献の大半は、大学等の研究者との共著である。

9章

科学技術・イノベーション政策

フランスの科学技術を中心とした歴史は第2章で述べたが、ここでは、第二次世界大戦後の科学技術・イノベーション政策の大きな流れと現在の政策をまず紹介し、この政策をもとに実施される具体的な施策については、第10章で述べる。

1 科学技術・イノベーション政策の流れ

(1) ド・ゴール時代―国家主導型研究開発とUMRの導入

第二次世界大戦後にフランスの科学技術の活動が正常化したのち、長期的な科学技術体制を議論するため、1956年、フランスの北西部に位置し、ノルマンディ上陸作戦で最も大きな被害を受けた町の一つであるカーンに関係者が集まり「カーン会議」が開催された。

1958年に開始された第五共和政を率いたド・ゴールは、1960年代に大統領のイニシアティブで国家主導型の大規模な技術開発プロジェクトを推進していった。フランスの独立を守るための核兵器の開発、核兵器の運搬手段としての航空機・ロケットの開発といった国家主導型研究開発である。これらの研究開発は、公的な研究機関や国営企業を巻き込んで行われ、その研究成果がフランスの産業競争力の源泉にもなった。

一方、1960年代中盤には、CNRSなど国の研究機関の役割が大きくなったことを受けて、政府は1966年、高等教育とCNRSの関与のあり方を再検討したうえで「連携研究室」という考え方を提案した。この連携研究室が今日のUMRの原型となったことはすでに述べた。

この時代には、民間企業による研究は一般的にほとんど行われておらず、150に満たない企業が民間の研究開発総額全体の75%にあたる活動を実施しているという状況であった。このような一部の企業に対し、「前渡し」方式で研究資金が配分されていた。

(2) ド・ゴール退陣からミッテラン時代へ―公的な研究機関の体制強化

1969年にド・ゴール大統領が退いた後、フランスでは1973年と1978年の石油危機を迎えるまで大きな経済成長の時期が続く。大統領は、ポンピドー大統領、ジスカール・デスタン大統領と引き継がれるが、今日まで影響をもたらす科学技術の新しいイニシアティブは見られず、ド・ゴールに牽引された国家主導型の大規模な技術開発プロジェクトが実を結んでいった段階と言える。

1969年に超音速機コンコルド原型機が音速の壁を破り、1972年に最初のTGV車両が試作され、1974年にエアバスA―300の初号機が初飛行に成功し、1975年に欧州宇宙機関（ESA）が創設され、そして1979年には大型ロケットのアリアン1号の打ち上げに成功している。1986年には高速増殖炉スーパーフェニックスが運転を開始した。

国家主導の研究開発で飛躍を遂げる一方で、基礎研究を重点とするCNRSなどの予算は減額された。石油ショック後の1980年代は雇用回復なき経済低成長の時代であり、インフレからは脱却したものの、賃金の硬直性や雇用創出力の低迷などにより失業率は高止まりし、先端技術製品市場における地位は、米国、ドイツ、日本などに差を付けられる一方であった。このため国家主導型の大規模な技術開発プロジェクトだけではなく、基礎研究を中心とする研究開発を重視すべきであるとの声が高まった。

1981年5月に就任したミッテラン大統領は、国内経済を活性化するための方策の一つとして科学技術立国の方向性を打ち出し、翌1982年7月に「科学技術振興法」を制定した。この法律で公的な研究機関を「科学・技術的性格の公的機関（EPST）」と「産業・商業的性格の公的機関（EPIC）」に分類し、CNRSなど5つの公的研究機関を研究技術省（当時）の集中管理の下に置いた。この体制は、現在のフランスの公的研究機関の骨格を形成するとともに、現在のMESRIによる科学技術・イノベーション政策の一元化につながっている。

ミッテラン政権は、地方自治体による科学技術の振興にも注意を払い、1982年7月の「計画改革法」により地方自治体が科学技術拠点を開発・整備できるようにし、公的研究機関や企業と事業契約を結ぶことを認めた。また、企業における研究開発投資を促進するため、それまでの研究開発設備の減価償却優遇制度に替えて、今日の「研究費税額控除制度」を導入した。

ド・ゴール政権時代は、英国の欧州統合への参加を阻んでいたが、ド・ゴール退陣後の1973年に英国はEUの前身であるEECに加盟した。この欧州統合を拡大する動きを捉えて、ジスカール・デスタン政権やミッテラン政権は、フランスの科学技術水準を発展させるため欧州諸国や開発途上国との科学技術分野での協力を強化しており、この流れは現在でも続いている。

（3）シラク時代──研究計画法と民間イノベーションの推進

ミッテラン大統領の改革以降もフランスの研究システムは、さまざまな課題を抱えていると認識され、たとえば公的研究機関が中心であるため研究環境の競争性が低いこと、米国や英国などで展開されている学際的・学問領域複合的な研究が展開されにくいことなどが指摘されてきた。さらに若手研究者向けの研究職のポストも少なく、研究者の待遇や流動性、研究費の課題もあるとされてきた。

後継となったシラク大統領は、２００３年、これらの課題に対応して国の研究・イノベーションに関わるシステム全体の改革を目指す法案を準備しつつあった。ところが、政府主導による改革が研究開発支出の削減や研究者等に関わる雇用制度の変更につながるとの危機感（任期制の導入による不安定化）を抱いた研究者等が「研究を救おう運動」を展開し、２００４年1月、公的研究機関の管理職にある研究者全員が集団辞職することなどを表明し、フランスの科学界全体の問題となった。科学アカデミーの仲介もあって、２００４年10月には、研究者らがグルノーブルに集まり、いわゆる三部会的な「研究に関する総括会議」を開催し、議論を行った。この会議の結果が「研究三部会報告書」としてまとめられ、新たに制定されたのが「２００６年研究計画法」である。同法は、国際競争が激化する中で科学技術を持続的発展と競争力確保の鍵として位置付け、資金増、研究システム改革、新規プログラムの創設などを約束している。

この研究計画法に基づき国の科学技術の基本的な枠組が改定され、新たにファンディング機関として国立研究機構（ＡＮＲ）が、評価機関としてＡＥＲＥＳ（後にＨＣＥＲＥＳに改組）が創設された。また、産学官連携拠点（競争力拠点）の設立、研究開発予算の拡充などの諸施策も次々と実行に移された。予算の拡充に関しては、ＥＵ加盟国の研究開発費を対ＧＤＰ比３％まで引き上げ、うち民間投資の割合を３分の２とするとしたバルセロナ目標の達成のため、低調な民間研究開発投資を促進させるための施策も盛り込まれた。

大学もこの改革の流れに沿って、グランド・ゼコールと一体となった体制を構築することを目的とする「研究・高等教育拠点（ＰＲＥＳ）」の形成が進められていった。なお、ＰＲＥＳは、２０１３年7月に廃止され、その後高等教育・研究法の下で、統合・ＣＯＭＵＥ・アソシエーションという三本柱の再編・グループ化政策に移行した。

企業におけるイノベーションの促進に関しては、フランス版バイドール法とも言える「イノベーション・研究に関する１９９９年7月12日法」（「アレグル法」と称される）が制定され、大学、公的研究機関の研究者がその公務員としての地位を保持したまま起業でき、かつ元の公的研究機関に復職できるようになった。また、企業を中心組織として公的研究機関や高等教育機関などとともに産業クラスターを形成する「競争力拠点」が提案され、２００４年に最初の公募が開始された。２００６年には、イノベーションを生み出すパートナーシップを形成するため、中小企業を中心とする企業が大学や公的研究機関に結集して「カルノー機関」を形成し、これらの機関を優遇して支援する政策が導入された。

競争力拠点、ＣＯＭＵＥとアソシエーションなどの大学再編・グループ化、アレグル法およびカルノー機関については、第10章で述べる。

(4) サルコジ時代―研究・イノベーション戦略と将来への投資計画

サルコジ政権は、2007年の政権交代直後に発生したリーマンショックによる経済危機に対応するため、システム改革や新たな財源の導入に踏み切った。

サルコジ大統領は、この一環として、科学技術の振興やイノベーション政策のあり方を含む公共政策全般を見直す行政改革に着手した。具体的には、適切な評価や戦略的な優先度に沿った資源配分の必要性、関係機関の連携の強化、世界大学ランキングにおけるフランスの大学の劣位の改善と魅力の向上、グランド・ゼコールへの優秀人材の過度な集中と研究人材の養成のあり方の再検討などである。特に評価においては、定量的なものも含め客観的な手法を重視し、その結果を資源配分に反映させることとした。大学の国際的な魅力を高める方策として、統合やグループ化とともに、グランド・ゼコールおよび公的研究機関との連携・強化策を進めた。また、高等教育機関の教職員の採用に関する改革、高等教育機関の施設老朽化対策も講じた。

2008年9月のリーマンショックを乗り切るため、サルコジ政権は、財政投資による経済活性化を図る道を選択し、所要資金を借入することを前提として、第4章で述べたPIAを導入した。PIAは現在も継続中であり、さらにマクロン政権が、PIAと同様の考え方によるイニシアティブであるGPIを新たに立ち上げている。

２００９年７月にサルコジ政権は、前述の一連の改革と政策を集約する形で「研究・イノベーションに関する国家戦略（ＳＮＲＩ）」を策定した。この戦略は、その後４年間における研究・イノベーション分野での挑戦課題の全体像を示し、研究の優先度を定めるものであった。

ＳＮＲＩの内容を簡単に紹介すると、基本的方針は次の５つである。

・知識社会における基礎研究の重要性を認識し、特に大規模な研究インフラを整備する。
・社会的・経済的に開かれた研究が成長と雇用への鍵であり、社会自体を革新的にするためには、競争が不可欠である。
・リスク管理と安全を強化すべきである。
・特に学際的な分野で、人文社会科学が大きな役割を果たすべきである。
・イノベーションや社会的な挑戦を行ううえで学際性が必要不可欠である。

また、ＳＮＲＩにおける具体的な推進分野は次の３つである。

・健康、幸福、食料およびバイオテクノロジー
・緊急を要する環境問題への対応と環境技術
・情報・通信およびナノ技術

ＳＮＲＩは、次のオランド政権が国家研究戦略（ＳＮＲ）を策定するまでの間、研究開発・イノベーションの指針となったが、なかにはＳＮＲ策定後の現在まで継続されているいくつかの重要な施策を生み出している。具体的には、研究の調整等に重要な役割を果たす研究連合（アリアンス）の設置、

カルノー機関の強化、大規模研究施設から研究室レベルの機器・設備に至る研究インフラの拡充などである。これらについては、第10章で詳しく述べる。

(5) オランド時代―高等教育・研究法の制定と制度・手続の簡素化

2012年のオランド政権への交代後、2013年1月「高等教育・研究に関する会議」が開催され、その議論をもとに同年7月に「高等教育・研究法(「フィオラゾ法」と称される)」が施行された。オランド政権の高等教育重視の方針もあって、高等教育と研究に関する法律が初めて一つに統合された。この法律では、統合や「大学・高等教育機関共同体(COMUE)」、あるいは「アソシエーション」という形で大学を再編・グループ化して、地域ごとにグランド・ゼコール、公的研究機関と連携させ、国際的に魅力のある地域の拠点とすることが目指された。第10章1(2)で述べるサイト政策を推進する制度的な土台が整備された。

科学技術政策全般に関しては、フィオラゾ法の施行後大別して、次の三つの措置が取られている。第一に、2013年12月、研究戦略会議(CSR)が首相の下に設置された。第二に、このCSRによって2015年3月、「国家研究戦略(SNR)」が策定された。第三には、2017年1月、このSNRが「国家高等教育戦略(通称「StraNES」)」と統合され、「高等教育・研究白書」としてまとめられた。SNRおよび高等教育・研究白書は、現在もフランスの科学技術・イノベーションの基本的な政策となっており、次項で述べる。

また、サルコジ大統領が開始したＰＩＡの枠組を使い、大学、公的研究機関の技術移転部門を統合した技術移転促進機関（ＳＡＴＴ）を整備するなどイノベーションの推進に関する施策が強化されている。さらに、高等教育・研究に関わる制度や手続が複雑になっているとの認識に基づき、オランド政権は、その簡素化に取り組んでいる。これらについても具体的には第10章で述べる。

2　現在の科学技術・イノベーション政策

前述のようにオランド政権時代の２０１３年7月に高等教育・研究法が施行され、それに基づく国家研究戦略（ＳＮＲ）および高等教育・研究白書に示された政策が、現在のマクロン政権下でも基本となっている。

(1) 国家研究戦略（ＳＮＲ）

４００人規模の専門家の協力を得て、10のグループに分かれて研究戦略の策定作業が実施された。２０１４年5月にはその第一次案が発表され、その後国内の関係団体との間で広範な議論が10か月間行われ、さまざまな意見をＣＳＲが最終的に取りまとめた後、２０１５年3月にＳＮＲとして策定された。

ＳＮＲで取り上げられた10の挑戦課題は、以下のとおりである。

・資源管理および気候変動への対応

・クリーンで安全で効率的なエネルギー
・新産業の創出
・健康と社会的福祉
・食料安全保障と人口変動
・持続可能な輸送と都市システム
・情報通信社会
・革新的、包括的かつ適応力のある社会
・欧州のための宇宙・航空
・欧州市民社会の自由と安全

この挑戦課題の下に、横断的に取り組む5つの優先的アクションが挙げられている。

・ビッグ・データ（知識の源と発展）
・地球システム：観測、予測および適応（気候変動の予測のための地球観測の強化）
・システム生物学と応用（生命の新概念創出とその医学・産業への応用）
・研究室から患者へ（臨床研究から患者向けの革新的医療へ）
・人間と文化（現実的な個人、社会における人間としての現象の理解の深化）

(2) 高等教育・研究白書

高等教育・研究法にしたがって、2017年1月に、SNRと国家高等教育戦略(StraNES)が統合された高等教育・研究白書(以下「白書」と言う)が公表された。フランスにおいては、研究・イノベーションと高等教育に関する政策が一体化してまとめられることは初めてである。また、通常、白書と言うと現状報告ととられるが、この白書は、重要な戦略を連携させ関係する研究インフラの戦略も統合していく形となっており、今後10年間の財政措置等の目標と、2017年から2020年までの具体的な予算計画を定めることにより、国と研究活動実施機関との間の契約の基本となっている。今後5年ごとに改訂される予定であり、次の白書の策定は2022年となる。また、この白書の取りまとめと同時に、科学の成果等を社会的に広く伝える科学文化活動の指針となる「科学・技術・産業に関する文化に関わる国家戦略」が策定され、白書に統合されている。科学技術文化活動の具体的な内容は、第10章6で述べる。

白書の主要な内容は、次の3点である。

①基礎研究と人文社会科学の重視

白書は、基礎研究の重要性を指摘し、社会の本質的な基盤を形成する知識の源泉を生み出す活動として推進すべきとしている。このため、基盤的な研究費およびANRの予算の充実、特にANRが進める自由なテーマ・内容による斬新な研究を支援する「白紙研究(プログラム・ブラン)」を強化すべきとしている。また、「計画的に進める研究」と「研究者の強い意志に裏付けられた発見を求める研究」との組み合せが重要であるとしている。そのうえで、SNRにある10の挑戦課題と5の優先的アクションを基礎研究推進上も重要な方向である、と強調している。

フランスの人文社会科学重視の姿勢は歴史的なものであり、これまでの研究開発戦略の策定においても常に重要分野の一つに挙げられてきている。この白書においても、社会経済的なイノベーションを創出していく本質的な条件であり、社会経済活動のさまざまな構成要素をつなぎ、学際的なアプローチを保障していく鍵であり、さらに全ての挑戦課題を成功に導く決定的な要素であるとしている。

②マクロな目標の設定

財政措置などの目標について、具体的な10年後の数値を以下のとおり定めている。

・25歳から34歳までの高等教育資格保持者を44・0％から60％とする。
・研究開発支出額のGDPに占める割合を、2・23％から3％とする。
・高等教育支出額のGDPに占める割合を、1・4％から2％とする。
・外国人学生の占める割合を世界で第3位にし、フランス人の外国留学を倍にする。

また、研究・イノベーションに関して、特に以下の方策を講じる。

・基礎研究を支援する。
・大学、グランド・ゼコールおよび研究機関の科学戦略の総合的推進を図るため「サイト政策」

を推進する。
・研究者と企業の協力を促進し、博士号取得者の企業への採用を支援する。
・フランス研究倫理局を設立し、科学の倫理性を強化する。
以上の目標を達成するため、国の投資額を10年にかけて、100億ユーロ増加させるなどの財政措置を取る。

③サイト政策および研究大学院（ＥＵＲ）の推進
白書は、基本的な政策の方向性を定めたものであるが、それに加えて具体的な施策についても触れている。その中で重要なものは、前述の大学、グランド・ゼコールおよび公的研究機関の科学戦略を総合的に進めるためのサイト政策と、修士／博士課程の教育を研究活動や企業との協力活動に密接に連携させた「研究大学院（ＥＵＲ）」の推進である。これらについても第10章で述べる。

(3) マクロン政権発足後の政策

２０１７年5月に就任したマクロン大統領の科学技術関係の初仕事は、高等教育と研究からイノベーションまでを一体化した業務を所管する大臣（閣外大臣ではない）を任命したことである。これは、初中等教育の所管である国民教育大臣職から高等教育を切り離し、研究からイノベーションまでを担当する大臣に掌握させることであり、大学や公的研究機関に歓迎されている。

科学技術・イノベーション政策の基本については、すでに述べたSNRと高等教育・研究白書がマクロン政権でもそのまま堅持されているが、今日まで、追加的に以下に述べるような政策が策定されている。

まず2018年5月、2018年から2020年の研究インフラの整備に関するアクション・プランとして「研究インフラに関する国家戦略」が策定された。続いて2018年6月、中小企業の競争力強化を目指し、公的研究機関の研究者の起業をよりいっそう促進するための「企業の成長と転換のための法律案（PACTE法案）」が取りまとめられ、2019年4月、議会で採択された。次に2018年7月にヴィダル大臣は、オープン・サイエンスに関する政府の方針を発表した。さらに同年8月には、大学の再編政策を見直すためその再編の枠組を再定義し、再編の実験期間を設けるなどさらに時間をかけて取り組んでいく方針を明らかにしている。これらの具体的な施策は、第10章で述べる。

これらの科学技術・イノベーションの流れとは別に、マクロン大統領は、産業政策的な観点からのイノベーション施策も重視しており、オランド政権時に経済・産業・デジタル大臣としてフランス版インダストリー4.0である「未来産業」に深く関与したこともあり、大統領になってからも強力に推進している。また、大統領就任後も、PIAと同様の考え方によるイニシアティブであるGPIを立ち上げたり、イノベーション会議と産業イノベーション基金を設置したりしている。これらの施策も第10章で述べる。

２０１９年2月、「フランスの研究に国際発信力、研究の自由度と資金を取り戻す」ことを目的に、２０２１年からの実施を目指し研究の複数年予算計画法を策定すると発表した。２０１８年７月の国民議会報告では、官民合わせた研究開発総額を対ＧＤＰ比３％とするためには、現在のＧＤＰを前提とすれば、今の研究開発総額４９５億ユーロから官民合わせて１４０億ユーロ増額させ、毎年６３５億ユーロとする必要があり、このうち国が50億ユーロを負担すべき旨、指摘されている。この法案準備のため「プロジェクト研究、競争的資金および機関補助資金」、「雇用の魅力と科学者のキャリア」および「イノベーションと共同研究」の3分野について作業グループが設置され、広く意見募集が行われ、２０１９年７月にはその検討結果が報告される予定である。２０１９年中には法案が準備され、２０２０年の議会に提出、審議され、２０２１年から施行される予定と言われている。ヴィダル大臣は、この法律の制定は予算の増額に対する政府の強い意志を表していると強調している。

なお、ＡＩをはじめイノベーションの成果を軍事部門に活用するため、２０１８年9月には「防衛イノベーション庁」を設立することとした。

以上のほかマクロン大統領は、トランプ政権が気候変動に関するパリ条約からの脱退を宣言した後、米国を含む世界の地球環境関係の研究者に対して、研究の機会を提供するプログラム「Make our planet great again」の公募を行い、地球環境問題に対する積極的なフランスの姿勢を鮮明に示している。この公募では、２０１９年3月までに米国人を含む42名が選考されている。今後は、ドイツとも共同してこのプログラムを継続していく方針である。

10章 具体的な科学技術・イノベーション関連施策

フランスの具体的な科学技術・イノベーションに関わる施策は、前章の基本的な政策に基づいて立案され実施されている。ここでは、これら具体的な施策に関し、いくつかにカテゴリーに分けて紹介したい。

1　大学や公的研究機関の連携・協力の強化

フランスの科学技術・イノベーションに関わる施策としてまず重要なことは、単独では国際的な発信力が弱い大学の国際競争力を高めるため、グランド・ゼコールや公的研究機関との連携・協力をいかに強化していくかである。

(1) 大学の再編・グループ化の三本柱―統合、COMUEとアソシエーション

２００６年にシラク政権下で制定された研究計画法の中では、大学改革も重要な柱として位置付けられ、大学とグランド・ゼコールが一体となった体制を構築することを目的とした「研究・高等教育拠点（ＰＲＥＳ）」の形成が進められ、次のサルコジ政権でも維持された。ストラスブール大学やボルドー大学などは、この大学改革にいち早く取り組んだ。しかし、このＰＲＥＳの形成をもってしても、大学、グランド・ゼコールの間の協力体制がうまく形成されたとは言い難く、また、「高等教育と研究」「大学とグランド・ゼコール」がそれぞれ複雑な二極化、二元化を呈し、これにさらに地域の事情が加わり大学改革は、一部の成功例を除き複雑な状況を招いていた。

２０１２年に誕生したオランド政権は、大学運営の民主化および簡素化、個々の連携機関の独自性の確保などを重視し、大学やグランド・ゼコールを統合していく場合には、権限を集中させる運営ではなく、より分権的な運営とし、監督権限も整理した効率的な体制を目指すこととした。具体的には、２０１３年7月に成立した高等教育・研究法に基づいてＰＲＥＳを廃止し、大学の再編・グループ化の形態として「統合」、統合への移行段階と見なされる「大学・高等教育機関共同体（ＣＯＭＵＥ）」および「アソシエーション」の仕組みを導入した。

統合は、すでにストラスブール大学など3大学が進め、最近ソルボンヌ大学、リール大学が続いたように、複数の大学が完全に一つの大学となることである。ＣＯＭＵＥは、複数の参加大学がそれぞれ独自の法的な立場を維持しつつ、その権限の一部（たとえば博士号授与権）をその代表する大学に委譲する形で一つの機関となることである。また、アソシエーションは、複数大学が協力分野を決めて連盟を組み、その分野での共同の活動を行うものであるが、まとまり方としては弱い。ＣＮＲＳ等の公的研究機関は、再編・グループ化した大学の連携機関として参加している。

統合、ＣＯＭＵＥ、アソシエーションの順で、新しく生まれる大学への結集力が弱くなり、逆に参加大学の独自性が保たれる。いずれの場合においても、参加大学の相互の権限関係は設置のための命令（デクレ）で規定され、具体的な活動・運営は国との5年契約において定められる。大学に対して予算措置を行うＭＥＳＲＩから、統合した大学への予算は一つにまとめられて配分されるが、アソシエーションの場合は個別の参加大学ごとに予算が配分されるという違いもある。なお、再編・グループ化した大学に属する全ての研究者は、同一の大学名を論文に使用することとされ、国際的な存在感を高めることを狙っている。ただ、たとえばパリ・サクレー大学の場合、論文への同一大学名の記載を研究者に徹底するために相当の努力を要しているのが現状である。

２０１８年5月現在までに、５の統合した大学、19のＣＯＭＵＥ、７のアソシエーションが設立されている（もちろん再編・グループ化に参加しなかった大学は多数ある）。ソルボンヌ大学およびパリ科学文学大学が２０１９年版のＴＨＥの世界大学ランキングでランクを上げたことはすでに述べた。これは、大学の再編・グループ化による最初の「成功例」と言える。一方、エコール・ポリテクニークを含めて再編・グループ化を目指すＣＯＭＵＥパリ・サクレー大学ではその調整が難航していたこともすでに触れたが、マクロン大統領の関与もあり、２０１８年6月にエコール・ポリテクニークほか5つのグランド・ゼコールは独自に統合し、別の高等教育機関（インスティチュート・ポリテクニーク・ド・パリと称するフランス式ＭＩＴ“MIT à la française”と言われる）を創設するべきという報告が出され、この創設に向かって準備が進められている(２０１９年9月開校予定)。このほか、２０１８年末までにアキテーヌ、ブルターニュなどで設立されたＣＯＭＵＥにおいてグループの解消や一部大学の離脱などが見られ、さまざまな展開を示している。

なお、２０１８年3月、会計検査院がＣＯＭＵＥなどの施策に関して改善命令を出したことを受けマクロン政権は見直しを行い、先に述べた大学再編の実験に取り組む方針を取った。この内容は、下記(5)に述べる。

（2）サイト政策

2017年1月の白書に基づく具体的な施策の一つが、「サイト政策」であることは述べた。この政策は、2013年7月の高等教育・研究法を根拠とし、大学、グランド・ゼコール、公的研究機関を特定の地域（サイト）ごとにグループ化し、国、地域、欧州レベルの計画と整合性を取りつつ、より広く、有機的かつ強力な協力関係を生み出す新しい研究エコシステムの形成を目指すものである。

サイト政策では、特定の地域において複数の大学が再編・グループ化を進めつつ、グランド・ゼコール、公的研究機関とともに「サイト戦略」をまとめ、国は、地域の中心となる大学との間で、この戦略を踏まえた「サイト契約」を締結することとした。このサイト契約においては、それぞれの参加機関の目標、達成度指標、必要な財政措置などが定められている。また、このサイト契約の中では、グランド・ゼコールおよび公的研究機関が、全体の運営の意思決定、調整に参加する枠組（たとえば運営会議）が構築されている。国はこのサイト政策により、機関の垣根を超えたダイナミックな科学的協力を地域ごとに行う「サイト」が出現することを期待している。

（3）イニシアティブ・エクセレンス（IDEX、I－SITEなど）

イニシアティブ・エクセレンスは、大学を中心にグランド・ゼコール、公的研究機関などが連携して組織する研究拠点で、国際的な競争力を有するものとして選抜してラベル化した研究拠点に追加で財政支援を行うプログラムであり、サルコジ政権時代の2010年に開始された。

イニシアティブ・エクセレンスでは、初めにIDEXが、続いて2016年からはI－SITEが選定されている。IDEX（Initiative d'excellence）は、世界的なエクセレンスを有する学際的な拠点を目指しており、研究の質、教育と研究開発能力、地域経済社会との関連性、国際共同研究の充実、プロジェクトの効果的な推進能力の基準で選ばれる。また、I－SITE（Initiative science-innovation-territoires-économie）は、IDEXの変形版であり、企業との密接な協力の下に継続的に行われる起業活動や専門家育成を目的とするものである。いずれもANRが公募し、外国の専門家も参加する審査によって選定される。

IDEXは、初めにストラスブール大学、ボルドー大学およびエックス・マルセイユ大学が選定された。その後、ソルボンヌ大学、パリ・サクレー大学、パリ科学文学大学（PSL）、リヨン大学、グルノーブル大学、ニース大学が選定され、合計9校となっている。

一方、I－SITEは、2016年にロレーヌ大学、ブルゴーニュ・フランシュ・コンテ大学の2校が選定され、続いて2017年にリール・ノール・ヨーロッパ大学、モンペリエ大学、クレルモン・フェラン大学、ナント大学、パリ東大学、パリ・セーヌ大学、ポー大学の7校が加わり、合計9校となっている。

IDEXおよびI－SITE用の資金として、PIAの資金から毎年総額で3・22億ユーロが、この合計18校に配分される。

以上に加えて、2015年の国家研究戦略（SNR）におけるビッグ・データ等学際的な課題に取り組む体制として「コンヴァージェンス研究所」が選定され、２０１７年４月までに10の課題についてＰＩＡによる支援が行われている。

（４）研究大学院（ＥＵＲ）

サイト政策と同様、２０１７年の白書に基づく施策が、「研究大学院（ＥＵＲ）」の創設である。このＥＵＲは、フランス版「グラデュエート・スクール」を創ることを目指すもので、研究と教育の壁を取り払って両者を密接に関連させ、また修士・博士課程教育を企業活動に連動させることにより、このような教育の場が持つ利点を国際的に発信し、優秀な学生を引き付けることを狙っている。たとえば、ＣＮＲＳのＵＭＲを通じて公的研究機関の研究者が教育に携わる機会を増大させるなどして、研究現場の中に修士および博士課程学生の教育を行う環境を整備することである。

このＥＵＲは、法的に独立した組織ではなく、言わば研究者、教職研究員、学生のより強固な連携を図る組織としてラベル化されたものという位置付けである。

２０１７年10月にはＥＵＲの第一弾として、応募総数１９２件から、外国の専門家も参加した審査を経て29件が選考された。うち10件は、大都市周辺の大学となっている。これらＥＵＲには、10年間にわたり総額約2・16億ユーロが支給され、ストラスブール大学（約０・２５億ユーロ）、ボルドー大学（約０・１６億ユーロ）、エックス・マルセイユ大学（約０・１６億ユーロ）がトップ3大学である。募集にあたってＥＵＲには、それぞれ英語の名称を付けることが求められた。２０１９年第１四半期には、第二次の募集が完了する予定である。

(5) 大学のグループ化に関わる実験的事業

2018年3月、会計検査院は、再編・グループ化政策(COMUEなど)とイニシアティブ・エクセレンス(IDEXやI-SITE)に関し、政府に改善命令を出した。この命令では、COMUEやアソシエーションとしての大学の運営体制が効果的に構築されていないため、IDEXやI-SITEに対する追加的な財政措置が、エクセレンスの発揮を目指すという本来の形で生かされておらず、単なる財政補填になっているという厳しい指摘がなされている。また、再編・グループ化された大学の規模が大き過ぎるという問題も提起された。

すでにCOMUE等による大学の再編・グループ化が必ずしも順調ではない現状に直面しており、マクロン政権は、この改善命令を受けて同年8月に見直しの内容を含む法律を制定した。この法律では、再編・グループ化する大学が、IDEX等エクセレンス発揮のためのプログラムに対する一括した管理能力を持てるよう、参加する大学から再編・グループ化された新しい大学に的確な権限を委譲することを求めている。そしてこの権限の移譲を実験的に実施し、開始後2年間の実績に対するHCERESの評価を受けて、実験の継続か、より本格的な実施段階への移行を決定する仕組みとなっている。この実験の後、さらにHCERESの評価に基づいて、より大きな裁量権を有し、かつ競争選抜試験で学生を募集する特別履修課程を設けることができるグランド・ゼコール並みの「高等機関」

教育・研究施設の整備が進むストラスブール大学の本部棟

コラム：ストラスブール大学—いち早く進めた大学の統合

ストラスブール大学は、創設が16世紀にさかのぼるフランスでも歴史のある大学である。同大学が立地するストラスブールは、ドイツ国境に近いフランス北東部のライン川左岸に位置する都市であり、欧州議会の本会議場などを擁している。また、日本が主導して設立した国際ヒューマン・フロンティア・サイエンス・プログラム機構の本部がある。

ストラスブール大学は、１９６０年代に学生数の増加に対応して３つの大学に分かれた。その後、サルコジ大統領の進める大学の大規模化政策に対応していち早く統合を進め、イニシアティブ・エクセレンスのプログラムに沿ってＩＤＥＸの選定を受けた。

また、２０１７年から開始されたサイト政策に従い、アルザス地域の７機関とともに国とサイト契約を結んでおり、このサイト契約では、ＣＮＲＳ、ＩＮＳＥＲＭなど４つの公的研究機関が連携している。このサイト契約に基づき、ストラスブール大学に現在81の研究室が設置されており、そのうちの半数近くの38がＵＭＲで、ＣＮＲＳとは27のＵＭＲが設けられている。

多くのＵＭＲは、同大学の科学技術や教育における地位を大きく向上させており、ＨＣＥＲＥＳも高く評価している。統合決定後の教育・研究施設の新設には、目覚ましいものがある。このためストラスブール大学は、フランスにおける大学の再編・グループ化の優等生と言われている。

になる道が用意されている。これは一段格上の大学を創出する長い道のりであり、注目すべきフランスの大きな挑戦課題と言える。

2　研究システムの整備

(1) 研究連合（アリアンス）と実用化コンソーシアム（CVT）

研究連合（アリアンス：alliances、49ページ図7参照）は、サルコジ政権時代の2009年7月に策定された「研究・イノベーションに関する国家戦略（SNRI）」に基づく施策であり、オランド政権下の2015年3月に策定された国家研究戦略（SNR）でもその重要性が確認されている。研究連合とは、公的研究機関などが参加する分野別の会議体であり、国の研究戦略の実現状況を現場近くでフォローする必要があるという問題意識に立っている。すなわち、この研究連合が研究活動を実施する機関間の情報交換を促進し、実施段階において国の戦略を確実にフォローし、重複や欠落を調整し、さらには将来必要となる措置について国に提言を行う役目を果たしている。また、EUの計画や活動との調整を行う役割も担っている。

現在は、ライフサイエンス分野（AVIESAN：2009年設立、INSERMが主導）、エネルギー分野（ANCRE：2009年設立、CEAが主導）、情報科学技術分野（ALLISTENE：2009年設立、国立情報学・自動制御研究所（INRIA）が主導）、環境分野（AllEnvi：2010年設立、国立農学研究所（ＩＮＲＡ）が主導）および人文社会科学分野（ATHENA：２０１０年設立、ＣＮＲＳが主導）の５つの研究分野に研究連合が置かれている。大学との関係は、全てに参加する大学学長会議（ＣＰＵ）が代表している。なお、ＣＮＲＳも全ての研究連合に参加しており、その活動の幅広さがうかがわれる。

一方、実用化コンソーシアム（Consortium de valorisation thématique：CVT）は、各研究連合に対応して設置されている実用化推進組織である。戦略実用化分野を指定して学術的な潜在力、実施研究者、市場の期待、規制上の制約などを特定し、必要となる支援方策や知的財産権などを調査し、イノベーションにつながる道を模索することを任務とする。

（２）ＵＭＲの効率化

サルコジ政権は２００８年４月、ＵＭＲの設置に関し、大学と公的研究機関のパートナーシップをより効率的に機能させるための提案を取りまとめた。具体的には、新しい研究が生まれる拠点としてＵＭＲが機能するよう、大学と公的研究機関が対等な戦略を持って研究活動を主導し、人材を共同採用し、共同研究の論文発表に関する手続を簡素化することであった。また、この提案では、研究者がより多くの研究時間を確保できるよう、ＵＭＲに関わる管理的な業務の簡素化も目指されており、具体的にはＵＭＲの監督機関数の削減、ＵＭＲの設置権限の委任、財政的および会計的な規則の簡素化・効率化、情報システムの共有促進などである。その後この提案は、すでに述べたＣＮＲＳが２０１０

年11月に大学学長会議（ＣＰＵ）との間で締結したＵＭＲの設置に関する基本協定につながっていき、さらに下記(４)に述べる制度・手続の簡素化方策として逐一実行に移されていった。

（3）大学運営の効率化

サルコジ政権以前から準備が進められていた「大学の自由と責任に関する法律」が同政権発足後２００７年8月に成立したが、この法律は、大学の組織と機能自体を改革し、自律性を高めることを目指すものであり、大学の再編・グループ化とは別に大学の運営に関わるもう一つの大きな課題への取り組みであった。

この法律の主な内容は、各大学の運営委員会の定員削減による効率化、外部運営委員の追加、運営委員会による学長選任、人事・予算に関する学長権限の拡大等である。また、国との複数年の契約、大学の資産に対する所有権の付与、大学の裁量による契約職員（研究者や教授を含む）の採用、学術活動に関わる財団の創設が可能となった。この恩恵を享受する大学には、引き換えに大きな責任が求められた。２０１３年までに全ての大学が、この法律による自律的な大学となった。

さらにこの法律では、運営委員会の多数決と政府の承認があれば、複数の大学間でグループを作れるようになった。この法律を受けてストラスブール大学など3大学がいち早く大学の統合の方向へ動いた。この流れが、その後の大学の再編・グループ化やサイト政策につながっていった。

（４）制度・手続の簡素化

高等教育や研究に限らずフランスの諸制度は複雑で、これらの制度に基づく行政手続は極めて煩雑なものであり、また政権交代のたびに変更され複雑さを極めることになり、層状になっているお菓子にたとえて「ミルフィーユ」と揶揄されてきた。高等教育や研究の関係者にとっても大きな負担となっていた。サルコジ政権が進めたＵＭＲの設置、運営の効率化政策は、前述のとおりであり、その後のオランド政権ではこの動きを本格化させ、研究システムに関わる行政手続を総合的に見直し、その結果を２０１６年12月までに、計70件の簡素化方策として取りまとめた。大学の就学手続からキャリア形成、研究時間および研究管理までに至っており、幅広い手続を対象としている。

具体例として、いくつかの簡素化方策を紹介すると、ファンディング機関であるＡＮＲへの応募の際研究者に提出が求められる資料を削減することや、ＡＮＲのプロジェクトに関する会計的な報告書作成作業を軽減することなどである。また、研究機関間での管理システムの共通化、購買手続や研究者情報の管理の簡素化、外国人研究者の滞在許可の複数年化と窓口一本化、外国人研究者の雇用承認手続の簡素化なども挙げられている。しかし、２０１８年７月には国民議会が、さらに効率的な研究の推進のためＵＭＲの運営に関する簡素化方策を提案しており、依然努力が必要となっている。

（5）研究施設・設備の整備

２００９年7月、サルコジ政権は「研究・イノベーションに関する国家戦略（ＳＮＲＩ）」を策定し、このＳＮＲＩに基づいて中規模研究施設から研究室レベルの機器・設備に至る研究インフラの拡充を推進した。具体的には、ＰＩＡを活用した10年の整備計画（Equipement d'Excellence）を策定し、数学からバイオ、人文社会科学に至る全ての分野を対象として、取得費用が１００万ユーロ（1・２５億円）から２０００万ユーロ（25億円）までの規模の機器・設備（たとえば、シークエンサー、クライオ電顕、電子図書館など）を整備することとし、細胞画像等に関わる先進技術の活用、遺伝子・タンパク質等の生物情報の高速処理技術の実用化など9のプロジェクトを選定した。

これらのプロジェクトでは、ＣＮＲＳ、ＣＥＡ、ＩＮＳＥＲＭなどがコーディネーターとなって、公的研究機関等のネットワークを構築し連携して最先端の分析・測定に関わる機器・設備を整備し、必要な技術サービスも提供しながら内外の官民の研究者の利用に供している。また、このネットワークによる活動を通じて「研究インフラ欧州戦略フォーラム」にも貢献している。

このＳＮＲＩに基づく研究インフラ拡充計画は、中規模までの機器・設備を対象としていたのに対し、マクロン政権がまとめた「研究インフラに関する国家戦略」は、大規模なものの拡充を目的としており、具体的な内容としては、次のようなものがある。

・特別な用地、建屋を要する計測施設
・分散的なプラットフォーム、観測場、古文献や科学的文献

・電子的なヴァーチャル研究施設、データ・ベース、デジタル・インフラ、Eインフラ（学術ネットワーク、高速計算機など）
・ヒトのネットワークや集団（コホート、専門家集団など）
また、大規模な研究インフラの定義としては、以下のことを挙げている。
・国内、欧州または国際のいずれかの枠組で必要な研究インフラとして科学界が合意している機器や設備
・戦略的、科学的な運営組織や一定の、かつ単一の運営方式を要する施設
・誰でも利用でき、かつピアレビューによる審査を経た研究に利用できる施設
ＣＮＲＳは、研究インフラの整備・運営に関して国際的な協力も含めて主導的な役割を果たしている。

（6）大学等の施設整備計画（プラン・キャンパス）

フランスでは大学等の施設の老朽化が激しく、その改築等には多大な費用と時間を要すると言われる。サルコジ政権で、フランス電力（ＥＤＦ）の国有株の売却益を施設の改築等にあてる施策が開始された。この老朽化対策は、２０１４年2月になってオランド政権のフィオラゾ高等教育・研究大臣が決定した大学等の施設整備計画「プラン・キャンパス」に引き継がれていった。

プラン・キャンパスでは、大学の施設だけではなく、公的研究機関と共同で利用する施設も対象

となっており、全部で13キャンパスを対象とし、総額は26億ユーロとなっている。最も多額の資金を予定しているのは、パリ近郊のサクレー・キャンパスで、全予算の半額にあたる13億ユーロが投入される。

大学等の施設整備は、大学の再編・グループ化やサイト政策等と整合性を取りながら行われるため、今後かなり時間を要すると考えられる。

(7) オープン・サイエンス

フランス政府は、広く国民生活、産業活動に活用するため、公共データの公開、利用を推進してきている。２０１８年7月にはヴィダル大臣は、オープン・サイエンスに関する政府の方針を発表し、得られた研究成果を可能な限り公開し、広く積極的な活用を図るとともに、研究の重複を防ぎ、効率的な研究開発の推進を確保することとした。

オープン・サイエンスの目的を達成するため、研究者の行動様式などを根本から変革し、オープン・サイエンスという姿勢を研究者の日常に定着させること、論文、データ・ベースおよび知的財産権に関わる活動やピアレビューによる評価においてオープン・サイエンスを徹底すること、国際的なオープン・サイエンスの体制の構築に貢献することなどを目指している。一方、学術論文等のオープン・アクセスに貢献する機関レポジトリーの数は、日本、米国、英国などに比較するとまだ劣位にあり、掲載されている学術論文の量もかなり少なく、今後の努力が期待されている。

3 科学技術政策の観点からのイノベーション施策

近年フランスにおいては、第9章で見たように科学技術とイノベーションを一体化させ、フランスの産業競争力を強化する政策が取られてきている。ここでは科学技術政策の観点からのイノベーション施策を紹介する。

(1) アレグル法とPACTE法

シラク政権時代の1999年に、民間のイノベーションを促進し経済成長と雇用促進を図るため、「アレグル法」が制定され、これにより公的研究機関や大学の研究者が、最長6年間その地位を保持しつつ起業することが可能となった。しかし、アレグル法では、その従事時間の20%しか起業活動に当てることができないため、公的研究機関等の研究者で起業の承認を求めたケースは、2000年以降231人と、起業実績は極めて悪かった。この法律は、公的研究機関等の研究者が起業する道を開いたという意味では十分意義があったが、起業実績は期待どおり伸びていかなかった。

オランド政権の2017年2月、起業手続の簡素化、発明手当の改善、起業への従事率および資本参加率の増大などを求める勧告がまとめられ、マクロン政権となった2019年4月に「企業の成長と転換のための法律（PACTE法）」が制定された。

このPACTE法では、アレグル法における従事時間の上限20%を50%まで上げるとともに、設立した企業の株式保有を49%まで認めることとした。また、従前必要とされた起業活動の承認のための「倫理委員会」の事前審査を不要とし、機関の長の決定に委ねている。

ＰＡＣＴＥ法は、フランスの中規模企業の競争力の向上を図り成長を促進することも重要な立法趣旨としている。フランスの中小企業の数、起業の数は、他の欧州主要国と比して遜色はないが、これを一段大きな「中規模企業」に育てていく過程に課題があると言われている。特に中小企業からの特許申請が少ないことも課題であり、大企業の場合全体の57％が特許申請を行っているのに対し、中小企業では全体の21％と低く、また、ドイツの中小企業の申請数に比べると4分の1となっている。同法は、中小企業をより強力にイノベーション志向に誘導し、いわゆる「ドイツ的な中規模企業レベル」に成長させようとするものである。

この点に関してＰＡＣＴＥ法では、中小企業に対する特許申請手続の優遇策を講じている。同法では、中小企業からの特許申請は暫定申請として受け付け12か月後に本申請とすることができるようにし、費用、時間の節約を図ることとした。このほか、現在6年しか認められていない実用新案の権利期間を中小企業に限って10年とし、その間企業はその実用新案を特許に転換できるようにしている。

(2) 国際的な産業競争力の向上を目指した拠点の形成

まずシラク政権時代の２００４年に提案され推進されている「競争力拠点 (pôles de compétitivité)」を紹介する。これは現在56の拠点があり、中小企業を含めた企業を中心組織とし公的研究機関や大学とともに産業クラスターを形成することを目指している。地域に根差した水準の高い技術開発を行い、国際競争力を高め、成長と雇用をもたらすことが期待されている。

各拠点は、ＩＣＴ、医療、バイオ、エネルギー、環境などの分野において、戦略的目標を定めた協力プロジェクトを設定する。プロジェクトに対する財政的支援は、ＡＮＲ、Bpifranceなどから充当される。現在２０１３年から２０１８年の６か年計画が終了した段階にあり、全体の評価が行われる予定である。近年ＥＵのプロジェクト研究費の獲得において、その存在感が薄れていることが課題であり、２０１９年から２０２２年の新たなフェーズにおいては、欧州レベルの協力を拡大することが期待されている。

大規模な拠点形成の代表的な例としてパリ近郊のクラスター「パリ・サクレー」を紹介する。パリ南方に位置するサクレー（Saclay：コミューンという行政区の一つ）には、72の市町村があり、面積５５０平方キロメートル（東京23区よりやや狭い程度）に、人口82・5万人、労働人口37・6万人を抱える。この地域には、フランスの研究開発投資の約15％が投じられていると言われる。開発の歴史は古く、第二次世界大戦直後ＣＥＡやＣＮＲＳが拠点を構え、続いてパリ大学がキャンパスを開き、１９７０年代に入りエコール・ポリテクニークやＨＥＣ経営大学院がこの地に拠点を移し、２０００年代に入ると民間企業の研究開発拠点も開設されるようになった。ここでは、パリ南大学等３大学とサントラル・スペレック等グランド・ゼコール４校ほかが構成員となるＣＯＭＵＥパリ・サクレー大学がＣＮＲＳ等公的研究機関７機関と連携してけん引役となり、このクラスターでの「サイト政策」を実現する活動を先導している。

パリ・サクレーのキャンパス風景

このクラスターでは、ＩＴ、バイオ、スマート・エネルギー、航空・防衛、未来の移動の５つの産業区域が設定され、７００社以上の企業が入り13万人以上の雇用を創出している。主な参加企業は、ノキア、ＨＰ、サノフィ、ルノーなどである。日本企業も研究施設を設けている。２０１０年に設立されたパリ・サクレー国土整備公共事業体（ＥＰＡ）が、全体の開発・管理の責任を有する。現在ではシリコンバレーとともに、世界で８つのトップ・イノベーション地域にランクされる知識集約型の都市となっている。２０１９年初頭の時点では、すでに新建屋が建ち並ぶとともに集結しつつある機関の建屋建設も進行中である。２０２５年万博の見送りもあって地下鉄等の公共交通網の整備がなお課題と言われている。

(3) カルノー機関

カルノー機関（Institut Carnot）とは、シラク政権の

サントラル・スペレックの授業風景

2006年、企業との共同研究を推進する公的研究機関に対し認証を与え、資金を配分するプログラムとして開始され、当初33機関が認定された。5年ごとに更新される仕組みであり、2018年現在、第3期のプログラムとなる38機関が、カルノー機関として認定され運営されている。

カルノー機関は、ドイツのフラウンホーファー応用研究促進協会をモデルに策定されたプログラムである。カルノー機関のプログラムでは、企業との共同研究を積極的に推進する一定の要件を満たした研究機関等が公募を通じてカルノー・ラベルという認証を受ける。認証された機関は、ANRから財政支援を受けることができるが、各機関に対する翌年度の支援額は、前年度の企業からの受託研究の規模に応じて決まる仕組みである。ただし、カルノー機関全体に配分できる金額の上限は、2016年現在で年間0・6億ユーロと決められている。

これまであまり産学官連携に積極的でなかった公的研

究機関の中には、企業との契約額を10年間で2倍以上にするという成功事例を生んでおり、成功しつつあるプログラムと一般的に認識されている。

（4）技術移転促進機関（SATT）

技術移転促進機関（ＳＡＴＴ）は、オランド政権時代に大学、公的研究機関の技術移転部門を一部統合して整備された組織で、２０１８年7月現在、フランス全土で14社が運営され、３２０のスタートアップが起業されている。第４章で述べたＰＩＡ２の枠組から、10年間に総額約８・５６億ユーロが投資される。ＳＡＴＴでは、研究成果の選定、起業の準備、知的財産権の保護、ライセンス業務、スタートアップ育成に対する支援を行う。支援対象は、ＣＮＲＳと大学のＵＭＲでの研究、複数の公的研究機関と大学、グランド・ゼコールとの共同研究などの成果である。支援期間は約18か月で、支援額は、案件1件当り平均約30万ユーロである。各ＳＡＴＴは、特許、知的財産権およびマーケティングなどの専門家を平均約30名擁している。

（5）イノベーション拠点の連携強化

マクロン政権では、すでに述べた「競争力拠点」、「ＳＡＴＴ」のほかに、従来から推進されてきている「技術研究所（ＩＲＴ）」、「エネルギー研究所（ＩＴＥ）」なども含めて全体を連携させ、総合的なイノベーション力を発揮できるようエコシステムを改善していく方策を進めている。ＩＲＴは、地域ごとにイノベーション・テーマを決めて大学、公的研究機関、企業が研究開発を行う計画であり、PIAによって推進されてきた。現在グルノーブルのナノテクIRT、サクレーのシステムXなど8機関が活動中である。ITEは、産学協同で脱炭素エネルギー開発に関わる学際的な研究を行うプラットフォームとして2010年の補正予算で開始されたもので、ブルターニュの海洋エネルギー、サクレーの太陽光発電に関するプラットフォームなど7か所が稼働している。また、これらの活動から起業されるスタートアップの初期支援のための基金「フレンチ・テック・シード」も設けられている。

改善方策としては、ITRとITEが、一体となった協会を形成して連携した運営を図り、資源の相互活用や国との連絡の一本化などを進めている。地方自治体と国は、競争力拠点、IRT、ITEおよびSATTに共同投資を行い、互に直接運営に関わり、また、拠点それぞれの能力を相互に補完するよう、投資や指導の方法において官民の協力関係を形成できるようにしている。ただ、このような努力は重要ではあるが、あまりにも多くの制度が併設され運用されている感は否めない。IRT、ITEおよびSATTも2019年には、評価が行われる予定である。国際的に存在感のある産官学の協力の形態として、より統合された、より持続的な制度となることが期待されている。

(6) 学生起業家への支援

MESRIは、起業を積極的に進める学生に対して起業家養成コースを設け、その履修を奨励し、学生起業家資格（SNEE）の取得を支援しており、フランス預金供託公庫が助成している。この制度では博士課程までの学生を対象として、起業準備に配慮した履修科目の編成・調整、起業向け特別トレーニングコースの提供、卒業後の社会保障への一時的加入の認可という支援を享受することができる。２０１７年には、３０００人を超す学生起業家が登録されている。また、２０１４年には起業を目指す学生に対して無料のコワーク・スペース、地域で行われる起業イベントや起業家人脈へのアクセス、コーチング等を提供するため、起業学生のための技術移転支援機関ペピット（ＰＥＰＩＴＥ）の制度を創設し、２０１８年末までに、フランス全土で30か所組織した。ペピットには、ＰＩＡからの資金２６０万ユーロが投資され、創設以来約８０００人の学生が起業支援を受けた。

（7）公的研究機関での支援

公的研究機関は技術移転、起業支援に関わるさまざまな施策を独自に講じており、代表的な例としてＣＮＲＳとＣＥＡの例を紹介したい。

ＣＮＲＳの研究成果の企業への技術移転活動は、パートナーシップ形成から特許に関わる技術移転とライセンス使用、スタートアップの創設や出資とさまざまな形態で行われている。ＣＮＲＳのイノベーション総局が、企業や競争力拠点との連携、技術移転などに関わる折衝などにおいて起業する職員の支援にあたっている。ＣＮＲＳの傘下では、ＣＮＲＳが70％、Bpifranceが30％出資して１９９２年に設立された「フランス科学イノベーション技術移転機関（ＦＩＳＴ ＳＡ）」が、２０１８年2月、「ＣＮＲＳイノベーション」となり、ＣＮＲＳが戦略項目とする20の分野に絞って技術移転支援を行っている。従業員数は約50名で、技術移転等の実務にあたるとともに、スタートアップに対する出資を担当している。なお、ＣＮＲＳが連携機関となっているＣＯＭＵＥが共同出資してＳＡＴＴを設立した後は、ＣＮＲＳの新規起業案件は、主としてこのＳＡＴＴに委託して行われることになる。

一方、ＣＥＡでは、CEA Tech が産業育成にあたっている。CEA Tech の技術移転部門には約１００名が従事しており、発明／発見から会社登記までのプロセスを支援するとともに、特許やライセンスの保護、マーケティングなどの支援を提供する。また、CEA Tech は、技術移転に関わる企業関係者を対象に、ＣＥＡの最新の機器・設備へのアクセス、研究スペースのレンタル、ＣＥＡの研究員からの技術的助言などの支援を仲介している。

4　産業政策的な観点からのイノベーション施策

フランスが、その競争力強化、産業再生において困難に直面している原因としては、製造設備への投資の後れ、製造業におけるイノベーション導入の少なさ、新規領域への職業教育・再訓練の不活発さがなど挙げられる。１９９０年代中盤から行われてきたいわゆるキーテクノロジーのとりまとめを通じて、産業創出の鍵たるイノベーション・技術開発の促進策を講じてきているが、マクロン政権では、イノベーションに関する革新的な施策を新たな角度から提案し推進しようとしている。

(1) 研究費税額控除制度

研究費税額控除制度(CIR)は、企業が研究開発費として投資した費用の一部(たとえば1億ユーロを限度とし投資額の30%まで)を課税対象から控除する仕組みであり、ミッテラン政権以来の伝統ある施策である。研究開発費とは、研究開発作業に直接供せられる設備または建物の減価償却充当額、研究者・技術者の人件費、運転費、公的研究機関・大学等に委託される研究開発費(この場合倍額を控除額に算入できる)、特許費用などである。2015年の研究費控除額は、約1万4100社で61億ユーロに上っており、企業の研究開発努力が少ないと言われる中で効果を発揮している。

2013年、この制度にイノベーション費用の控除制度(CII)が加わった。中小企業のみがこの制度の対象であり、年間40万ユーロを限度とし、投じた対象費用の20%までを控除する仕組みである。新製品の設計費、プロトタイプの制作費などが控除の対象となる。創設直後の2014年に約5000社が1・18億ユーロの控除を受けたと言われる。

研究費税額控除制度(CIR)と組み合わせて運用されることが多いものに「研究を通じた養成のための企業との協定(CIFRE)」による支援がある。企業による博士号取得者の採用を促進するため、博士課程学生を3年間雇用する企業に対し、学生に支払われる報酬の一部を補助する仕組みで、政府機関と民間機関から成る組織である「研究技術全国協会(ANRT)」が支援する。企業側は、学生に支払った費用に対し研究費税額控除制度(CIR)の適用を受けることができ、また、将来的には博士号取得後の学生の採用につなげられることをメリットとしている。さらに学生が所属する大学の研究室へのアクセスも可能となる。

なお、国の研究開発費総額への企業の貢献度が主要国に比べて相対的に小さいフランスでは、かかる優遇税制が企業努力を促すうえで重要な施策であるが、2001年に企業負担による研究開発費が315億ユーロに達した後、今日までほとんど増えておらず（2016年に322億ユーロ）、必ずしも期待どおりの成果を挙げているとは言えない。

(2) 新規イノベーション企業および学生起業家向け税制優遇措置

新規イノベーション企業向け税制優遇措置（JEI）は、研究開発に積極的な新規企業に対して起業後数年間税制上の支援を行うため、2004年に設けられた制度である。設立8年未満の企業であって、その研究開発費用が、支出の15％超を占めるという要件に合致し、認定された企業には、減税や社会保障負担金の免除が適用される。2016年は、約3600社が総額1・7億ユーロの恩恵を受けている。

また、2008年から導入された学生起業家向け税制優遇措置（JEU）は、就学中の修士または博士課程の学生が従業員の少なくとも10％以上を占める企業であって、それらの学生が就学中に得た成果を実用化する場合に適用される。優遇措置の内容は、JEIとほぼ同様である。

（3）「新しいフランス産業」と「未来産業」

２０１３年９月、オランド大統領は、デジタル技術によりフランスの産業モデルの近代化と転換を図るため「新しいフランス産業」を発表した。２０１５年５月には「新しいフランス産業」の第二フェーズとして、フランス版インダストリー４・０である「未来産業」を正式に開始した。マクロン現大統領は、経済・産業・デジタル大臣としての経歴もあって、この「未来産業」を強力に推進している。「未来産業」では、３年から５年後に、ＩｏＴ技術、拡張現実技術などで国際的に主導的な位置を占めることを目標としている。

「未来産業」プロジェクトを支えるため、「フランス産業の再興連合」を設置して40の企業、職業組合、公的研究機関を糾合し、産業近代化の指針を確立し、メンバーであるCEA Tech、エコール・デ・ミン、オランジュなどから中小企業への技術移転を促進することとしている。中小企業関連では、このほか、２０１５年設立の「未来産業連合」が、地方自治体による中小企業に対する財政的な優遇措置を仲介し、また、ＰＩＡを活用したBpifranceによる工場設備改善への投資などを対象とした貸付けを行う仕組みを運用している。「未来産業」プロジェクトでも、人材養成の促進や、欧州、特にドイツとの技術的協調を積極的に進めている。

（4）イノベーション会議と産業イノベーション基金

２０１８年７月にマクロン政権は、ＭＥＳＲＩ大臣と経済・財務大臣が共同議長を務める「イノベーション会議」を開催した。この会議は、イノベーション政策の方向付けと優先度の設定、横断的な対策や支援方策の策定、財政的方策に関する勧告を行う組織であり、関係閣僚のほかBpifrance、ANR等資源配分機関の長が参加する。

さらに2018年11月、「産業イノベーション基金（FII）」の創設による前述の「未来産業」への財政的支援を打ち出し、イノベーション会議によって統括する方針を表明した。FIIは、人工知能（AI）やバイオ生産、次世代燃料電池、自動運転など飛躍的イノベーションを創出する技術（ディープ・テック）、気候変動や保健医療等における具体的な技術などの開発を年間2・5億ユーロの規模で支援するもので、イノベーション会議が毎年挑戦課題を選定する。また、ヴィダルMESRI大臣は、FIIの資金を活用して大学を技術革新の場としていく「イノベーション・キャンパス」という方策を示し、現在具体化が行われている。

なお、AIに関連して2018年3月、マクロン大統領は、野心的なAI戦略を発表しており、これを受けMESRIは、3年で1億ユーロを投じ、情報研究の中心であるINRIAほか4つの研究機関のネットワークを構築し、教授ポストや博士課程の拡充などを図ることとしている。

5　地域から欧州に展開する振興方策

（1）地域振興施策

ミッテラン政権が、計画改革法を制定し、地方自治体による科学技術の振興方策にも力を注いできたことは述べたが、1982年7月、同法により、国と地方自治体が「国・地域計画契約」を締結し、それぞれの財政負担額を定めて、国土整備、高等教育・研究等の事業を行う体制が構築された。この契約は、地域ごとに6年間にわたって締結され、現在まで6次の契約が更新されている。フランスは、国の戦略や計画を中央集権的に決定することが多いが、一方で地域の均衡の取れた発展にも留意しており、この契約は、その実効性を確保するものとなっている。

2016年1月に完了した地域圏割りの改正を受けて新たに定められた2020年までの現在の「国・地域計画契約」では、多様な地域の交通手段、エコロジー・エネルギー転換、デジタル化、未来産業と明日の工場、共通課題としての雇用などと並んで、高等教育・研究・イノベーションを投資分野としている。資金的には、6年間に総額約300億ユーロ（国が143億ユーロ、地域圏や県などが152億ユーロを負担）を投入する計画であり、そのうち35億ユーロが高等教育・研究・イノベーションに投じられる。

この高等教育・研究・イノベーションに関わる主な対象事業は、研究インフラの整備（34％）、技術移転の支援（31％）および公的研究機関の研究支援（30％）等である。研究インフラ整備に関しては、大学の施設整備計画である「プラン・キャンパス」と調整を図りつつ、高等教育機関の再編・グループ化政策の一環として、教育・研究施設の新設、修繕、解体または再建、学生寮の新築およびデジタル施設の整備を進めている。また、公的研究機関に対しても研究設備への投資、研究プロジェクトおよび技術移転の支援などを行っている。

大学や公的研究機関に対する研究プロジェクトの支援は、フランス全体の研究システムの中で地域が果たす役割としても重要であるが、「国・地域計画契約」による支援額は、2013年から2015年の年平均で約1・3億ユーロである。ちなみに、CNRSは、2017年に地域から約0・5億ユーロの研究費を受領している。

(2) EUの枠組での施策

フランスは、EUを支える主要国として、EUのプロジェクトに参加するとともに、科学技術・イノベーション促進のための提言を行っている。

①EUのスマート・スペシャリゼーション戦略

EUは、2011年から2020年までの予定で、EU加盟国内の地域固有の強みや競争的な課題に焦点を当てて調査をし、必要な研究やイノベーションへの投資について優先順位付けを行うことにより、地域のイノベーションを支援する「スマート・スペシャリゼーション戦略」を実施している。

現在までに18か国170以上の地域が参加しており、EUの「欧州構造的投資基金」や各国各地域の資金制度を生かして、3Dプリンティング、医療技術、スマート・グリッド、太陽光発電、持続的な建設およびハイテク農業で支援が行われている。フランスが参加したスマート・スペシャリゼーション戦略では、たとえばセントラル・ロワール地域におけるエネルギー貯蔵、バイオ薬学、化粧品、環境工学、観光に関わるプロジェクトが選定されている。

②飛躍的イノベーションのための欧州機関の創設

2017年9月、マクロン大統領は、ソルボンヌ大学における演説で、EUが現在策定中の第9次枠組プログラム「Horizon Europe」に関連して、米国国防総省国防高等研究計画局(DARPA)を例にとり、「飛躍的イノベーションのための欧州機関」の創設を提案した。EUの研究・イノベーション担当であるモエダス欧州委員会委員は、これを歓迎し、具体的な検討が進められている。

フランスとドイツは、この「飛躍的イノベーションのための欧州機関」の先駆けとなる活動を共同して展開している。具体的には、同機関の準備段階として「欧州共同飛躍的イニシアティブ(JEDI)」という民間団体を創設しており、米国DARPA型ファンディング機関を目指している。この組織では、プロジェクト・マネージャーが中心となって運営し、支援期間を2年間程度として、産業につながるプロトタイプの完成を目指した支援を行うとしている。優先的な分野は、人工知能、サイバーセキュリティ、コンピューティング、バイオテクノロジー、エネルギー貯蔵、ナノテクノロジーなどであり、すでに30の技術課題を選定し、15名のプロジェクト・マネージャーが選任されている。「飛躍的イノベーションのための欧州機関」ができた暁には、年間10億ユーロを投入することを計画している。

ここでは、イノベーションの促進のみが課題であるが、研究開発全般に関わるより大きな資源配分機能をどのように欧州規模で創設できるかどうか、という大きな問題でもあり、注目に値する。

6 科学技術文化活動

科学技術・イノベーションに関わる文化的な活動は、オランド政権時代の2017年1月に、高等教育・研究法に従って策定された「高等教育・研究白書」の一部を成す「科学・技術・産業に関する文化に関わる国家戦略」に基づいて進められている。

科学技術文化活動を担う主役は、行政機関の上層部等公共政策の決定者、議員、企業の経営者であり、具体的な活動を担っていく者は、教師、研究者、博物館の学芸員、地域イベントの関係者、ジャーナリストなど広範囲に及ぶ。一方、科学技術文化活動の対象は、国民全体であるが、とりわけ科学から縁遠い人々、特に子どもたちとされている。文化省が所管する活動である。

歴史的に見てフランスでは、ルネサンス時代に行われた科学を題材とする展示に始まり、革命期の自然史博物館（1793年）や国立工芸院（1794年）の設立、19世紀の万国博覧会の開催、その後の「発見の館（1937年）」の開設など科学技術文化活動は、営々と続けられ今日に至っている。

自然史博物館は、1793年創設と古く、大英博物館と並ぶ世界的な施設であり、パリ市の植物園内に本部を有する。生きた動植物を含め約7千万に及ぶ標本を保存し展示する一方、地球環境問題にも注意喚起をしながら、得られた知識の一般公衆への普及に努めている。

国の科学館である「ユニヴェルシアンス(Universcience)」は、2007年に科学産業都市（ラ・ヴィレット）と「発見の館」が統合された公共事業体で、年間約330万人が訪れる。

科学館と自然博物館のネットワークが全国に張り巡らされ、その中心にあるのが「国立工芸院（CNAM）」である。科学技術文化に関する人材養成、研究、情報提供などが行われており、保存展示資材は8万点、デザイン資料が1・5万点に上っている。講習会や展示などを通じて一般公衆への普及を図るほか、MESRI主導の「現代の科学技術遺産保存活動」でも中心的役割を果たしている。

フランス全土には、40ほどの科学文化センターもある。活動目的は、科学、産業および文化に関わる地元団体と一般公衆との対話機会を設け、科学的知識の普及、交換を促進することである。このため地元の大学、企業等の科学文化に関わる実施者を動員して科学的知識の普及の重要性に関する認識を深める活動が行われる。

11章

科学技術・イノベーションのインプットとアウトプット

1　科学技術・イノベーションへの投資

（1）フランスの総研究開発費

２０１６年におけるフランスの総研究開発費（使用額）は、４９５億ユーロで対ＧＤＰ比２・２２％である（いずれも暫定値）。２００９年以降では20％近く増加している。２０１５年からは、約6億ユーロの増額となる。図13は、２０１６年における総研究開発費のうち政府、企業および外国それぞれが支出し（上段）、または使用した（下段）額を示すものである。政府は40％、企業は60％の負担である。

他の主要国と相互に比較可能な２０１５年で見ると、表4のとおりである。フランスは、米国、中国、日本、ドイツ、韓国に続いて世界第6位、欧州諸国の中ではドイツに次いで第2位であるが、米国の約8分の1、中国の約7分の1、日本の約2・5分の1に過ぎず、ドイツの5割強である。

（2）対ＧＤＰ比率の比較

対ＧＤＰ比率は、２０００年代後半に2％近くに下がったが、その後上昇し、２０１５年で２・２３％、２０１６年は2・22％となった。この値は、ＯＥＣＤ諸国の平均値2・34％とほぼ同等であり、ＥＵ加盟国の平均値1・93％より高い。２０１６年で見ると、韓国4・23％、日本3・42％、ドイツ2・93％、米国2・74％、英国1・69％となっている。

図 13　フランスの研究開発の支出額と使用額およびその流れ

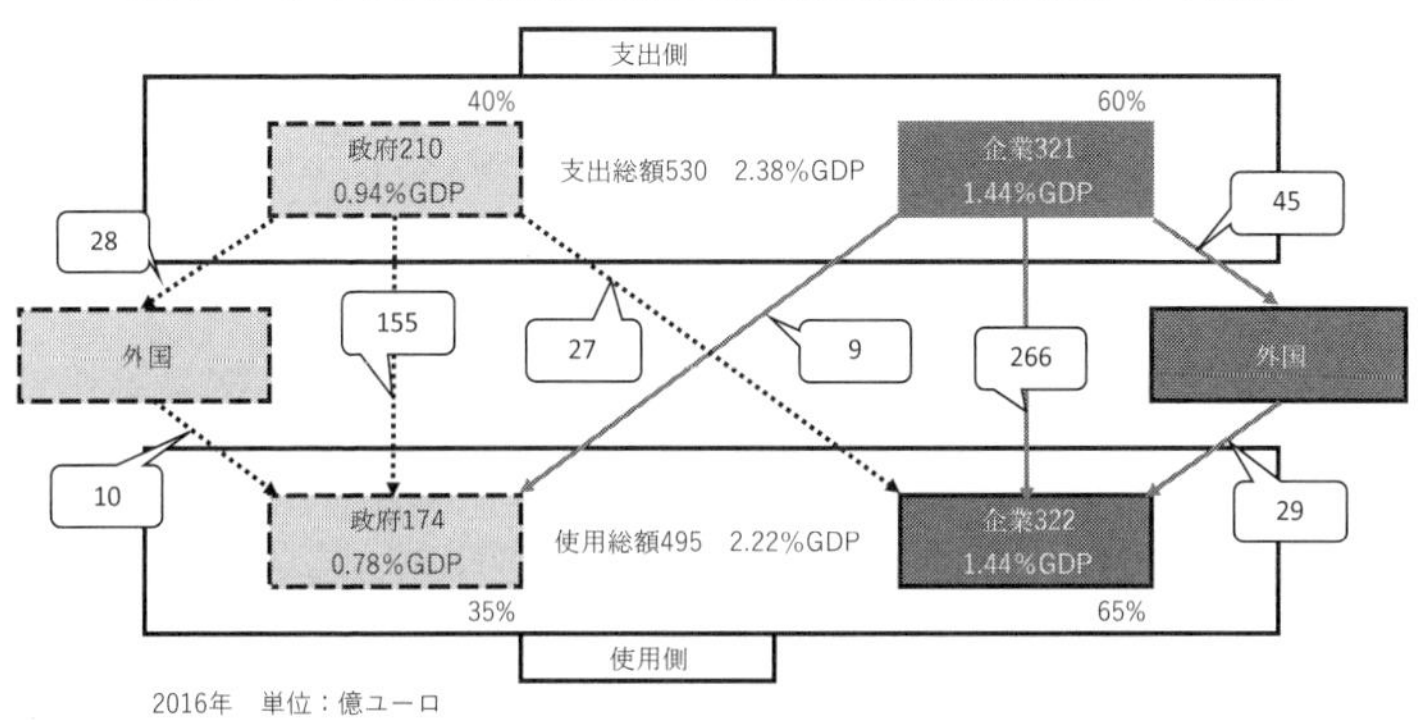

出典 :MESRI の資料をもとに筆者作成

表４　主要国の総研究開発費（購買力平価換算）

国名	フランス	米国	中国	日本	ドイツ	韓国	英国
総額（億ドル）	601.19	4,965.85	4,074.15	1,696.73	1,139.22	757.34	453.45

出典：OECD (PIST 2017-2) およびMESRI の資料をもとに筆者作成

EUは、Europe2020計画において3%の達成を目標に掲げているが、フランス政府も高等教育・研究白書の方針に従い、10年かけて3%にする方針であるが、今後準備される複数年予算計画法により、実現が図られることが期待されている。

（3）総研究開発費の負担割合および民間における研究開発

国全体の総研究開発費の組織別負担割合であるが、民間57・6%、政府34・8%、外国7・6%の比率で支出している。対GDP比率で見ると国の負担割合は0・78%で2005年以来、ほとんど変化がない。

これを主要国等の間で比較したもの

図14　主要国等の総研究開発費の組織別負担割合

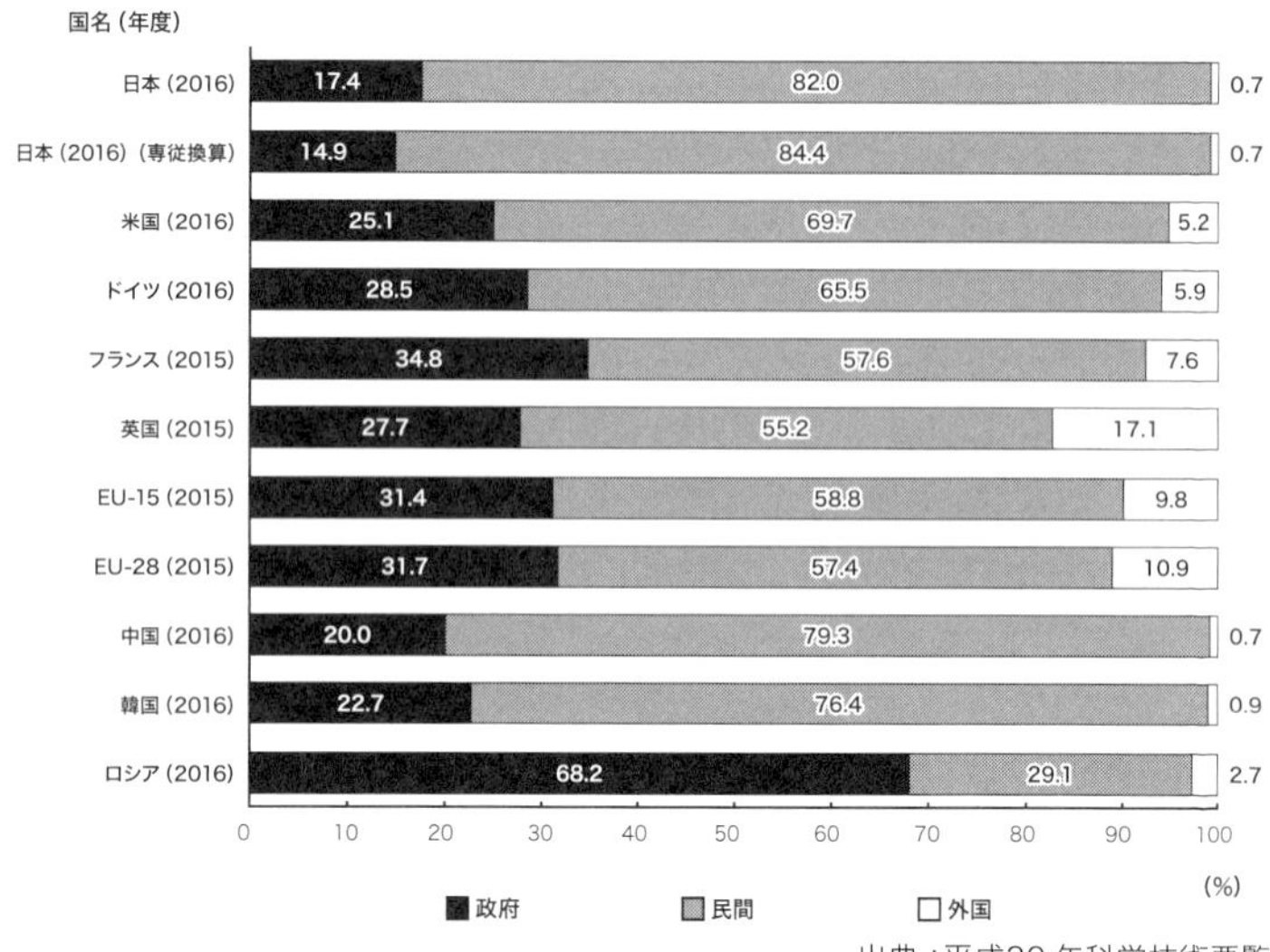

出典：平成30年科学技術要覧

が図14である。フランスは、政府の支出割合が米国、中国、日本などと比較して多く、また、近隣のドイツや英国と比較しても多い。フランスを超えて政府の支出が多い主要国は、ロシアだけである。

また、民間の研究開発は、製造業が約72%、サービス業約23%、建設エネルギー部門が約5%をそれぞれ実施しており、製造業のうち自動車工業（約13%）、航空宇宙工業（約11%）、製薬工業（約9%）で、3割以上を占めている。

2　研究人材

(1) フランスの研究者総数

表5のとおり、研究者数は、一貫して増加傾向にある（いずれも人数は、常勤換算人数、いわゆるFTE）。研究開発従事者の官民の

表5　研究者総数の推移（フランス）

（単位：人）

区分	1993年	2010年	2011年	2012年	2013年	2014年	2015年	2016年(暫定)
フランス全体の研究開発従事者数	293,272	397,756	402,492	411,780	416,686	423,903	428,643	431,056
うち研究者数	142,772	243,533	249,247	258,913	265,465	271,772	277,631	284,766
企業の研究開発従事者数	164,384	235,588	239,111	246,438	249,991	248,145	251,444	255,270
うち研究者数	66,455	143,828	148,439	156,392	161,460	161,744	165,845	170,310
公的機関の研究開発従事者数	128,888	162,168	163,380	165,342	166,696	175,758	177,199	175,786
うち研究者数	76,317	99,705	100,807	102,521	104,005	110,029	111,787	114,456

出典：MESRI資料をもとに筆者作成
註：研究者には、給与支給博士課程学生が含まれている

比率は、2016年時点で、企業59・2%、公的な研究機関40・8%となっている。また、研究開発従事者の中で研究者の比率は、全体で66・1%、企業66・7%、公的機関65・1%となっている。ちなみに公務員の研究者の平均年齢は、47歳7か月である。2016年の動向として、企業の研究開発従事者数および研究者数全体の変動は小さいが、製造業部門では減少またはほぼ横ばいであり、サービス業部門では増加している。また、公的機関では、従事者全体は減少しているものの、研究者では微増となっている。

(2) 主要国の研究者数の比較

主に2016年の統計に基づき、主要国の間で研究者数を比較したのが、表6である。フランスは、中国の6分の1、米国の5分の1、日本の3分の1に過ぎず、欧州域内においても、ドイツや英国の人数より少ない。

表６　主要国の研究者数

（単位：万人）

国名	フランス	米国	中国	日本	ドイツ	韓国	英国
総数	28.5	138	169.2	85.4	40.1	36.1	29.1

出典：平成30年科学技術要覧
註：米国は2015年、その他の国は2016年

（３）労働力人口一万人あたりの研究者数

労働力人口一万人あたりの研究者数（主に２０１６年）では、フランスは94・１人と日本の１２６・３人より下回っており、米国（87・１人）、英国（87・7人）、ドイツ（93・４人）、ＥＵ平均（77・１人）よりは多い（科学技術要覧平成30年版）。

（４）組織別研究者数

研究者が所属する組織の割合を主要国の間で比較したのが、図15である。フランスの公的な研究機関に属する研究者は、米国や日本と比較すると多いが、中国やロシアに比べて少ない。欧州諸国と比較すると、英国よりは多いが、ドイツより少ない。中国やロシアには、それぞれ中国科学院（ＣＡＳ）、ロシア科学アカデミー（ＲＡＳ）という世界でも有数の規模を誇る国立機関があり、フランスもＣＮＲＳなど規模の大きい公的な研究機関があることによる。また、ドイツは、フラウンホーファー応用研究促進協会やマックス・プランク科学振興協会などの有名な公的機関を有していることによる。

一方、産業界に属するフランスの研究者は、米国や韓国に比べて少ないが、他の国と比べると同等か、もしくは多い。

図15　主要国等の研究者数の組織別割合

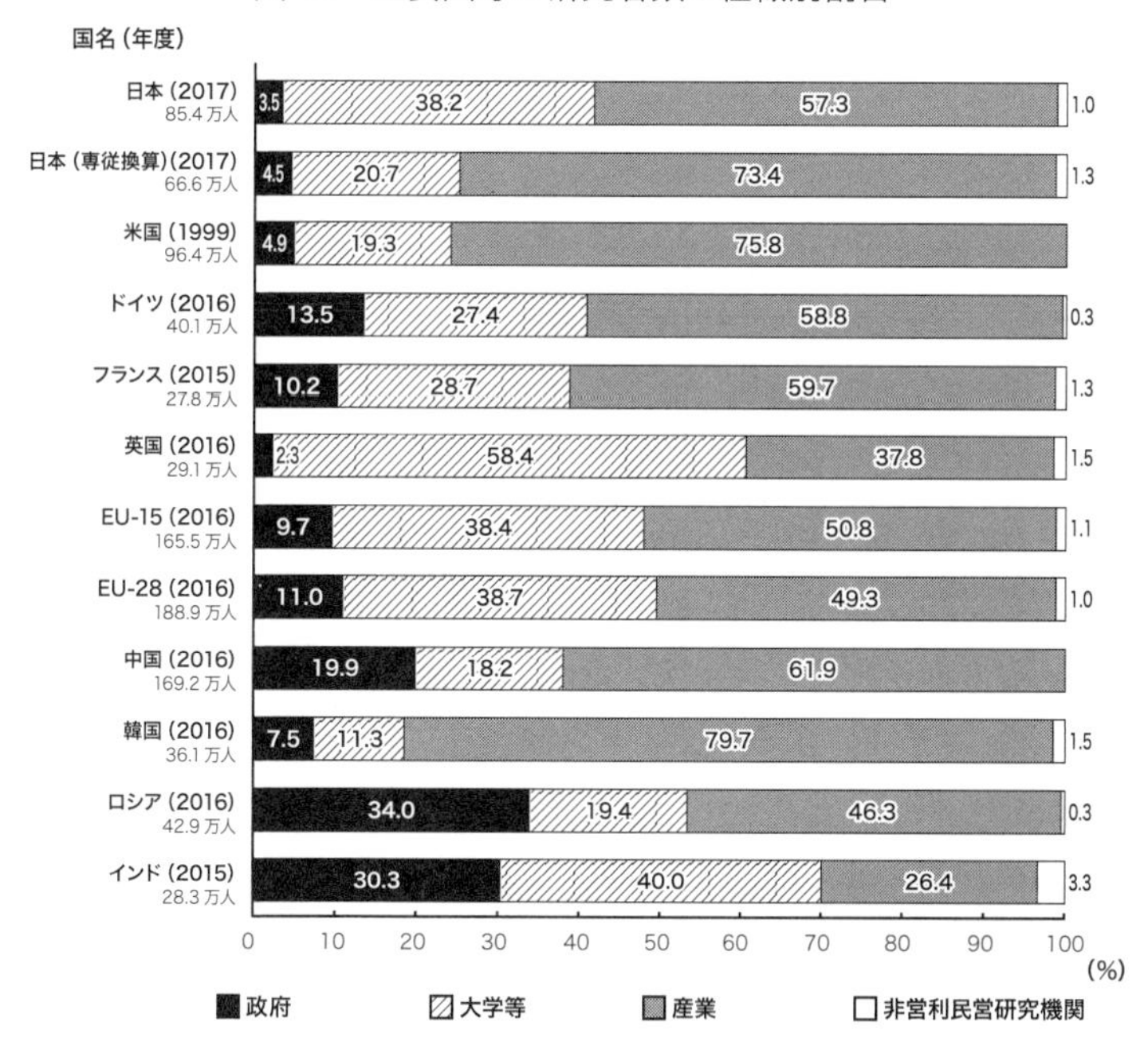

出典：平成30年版科学技術要覧

（5）男女比

主として2016年までのMESRIの統計によれば、大学および公的な研究機関における職員の男女比は、表7のようになっている。

表7　フランスの大学および公的な研究機関における職員の男女比

機関別	男性	女性
大学		
運営委員会※委員	52%	48%
准教授	56%	44%
教授	75%	25%
学長	83%	17%
公的な研究機関		
職員	66%	34%
研究者	61%	39%
研究管理職	70%	30%
機関の長	91%	9%
CNRS 等で業績表彰を受けた者	58%	42%

出典：MESRI の資料をもとに筆者作成

※大学の運営委員会は、教授、学生代表等の内部委員と外部の専門家で構成される。

3　科学論文

（1）総論文数

科学論文数に関して米国科学財団（NSF）は、2018年1月、「2018年科学工学指標（Science and Engineering Indicators 2018）」を公表しており、表8のとおり2016年のフランスの論文数の世界での割合は約3％であり、日本に次いで世界第7位にある。

表8　2016年の世界の論文数および割合（%）

	2016年	割合（%）
中国	426.165	18.6
米国	408,985	17.8
インド	110,320	4.8
ドイツ	103,122	4.5
英国	97,527	4.3
日本	96,536	4.2
フランス	69,431	3.0
イタリア	69,125	3.0
韓国	63,063	2.8
ロシア	59,134	2.6

出典：NSF Science and Engineering Indicators 2018
をもとに著者作成

一方、論文の質を表すとされる、その相対被引用度の比較では、次ページの図16のとおり、フランスは1・35と、中国（1・01）、日本（0・98）、インド（0・81）を上回り、世界第5位に位置し上昇傾向にある。

フランスが北米2か国、英

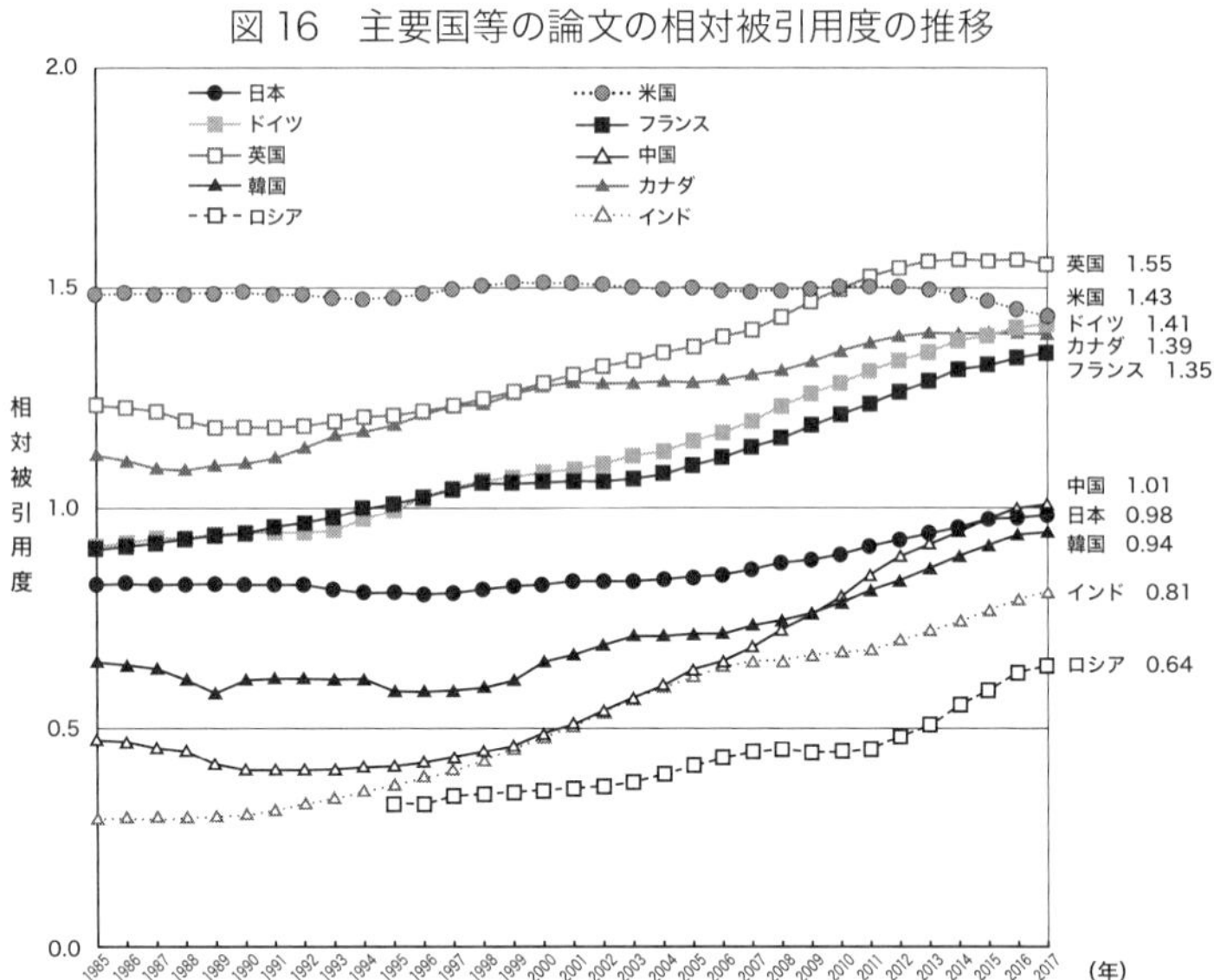

図16　主要国等の論文の相対被引用度の推移

出典：平成30年版科学技術要覧

国、ドイツに伍して上位を形成していることは興味深い。

(2) 共著論文

２０１０年以降の共著論文数の動向については、図17のとおり、単記名の論文が減少に移り、変わってフランス国内、ＥＵ加盟国内および加盟国以外の国の研究者との共著論文の数が増加している。この傾向は、前出の「２０１８年科学工学指標」に示される米国についても言えることで、２００６年から２０１６年までの外国の研究所との共著論文数は、明らかに増加している。

図 17　フランスにおける単記名および共著論文の種類とその数の推移

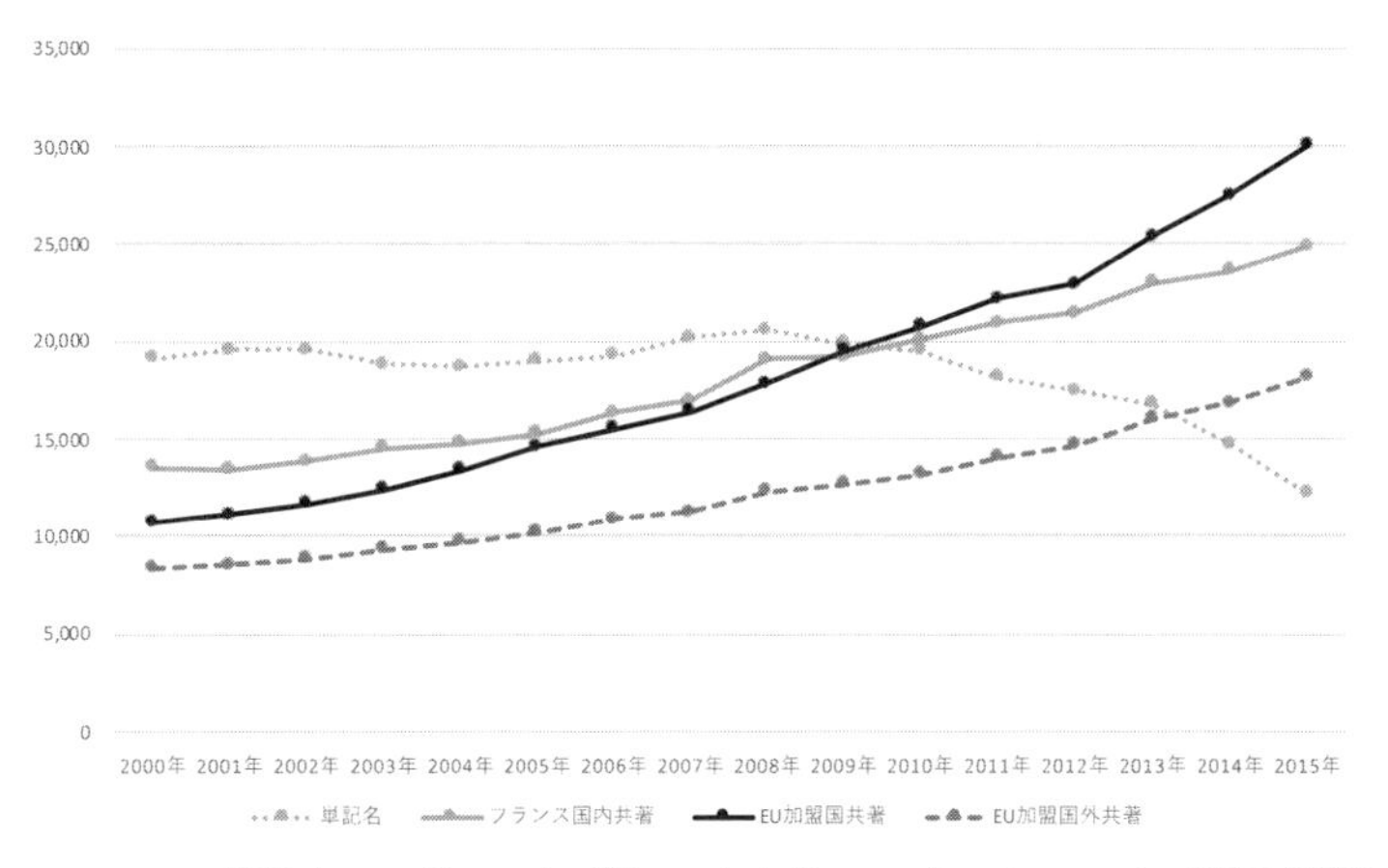

出典 :La position scientifique de la France dans le monde, 2000-2015

図 18　主要な分野における米国およびフランスの論文数の相対的な比較

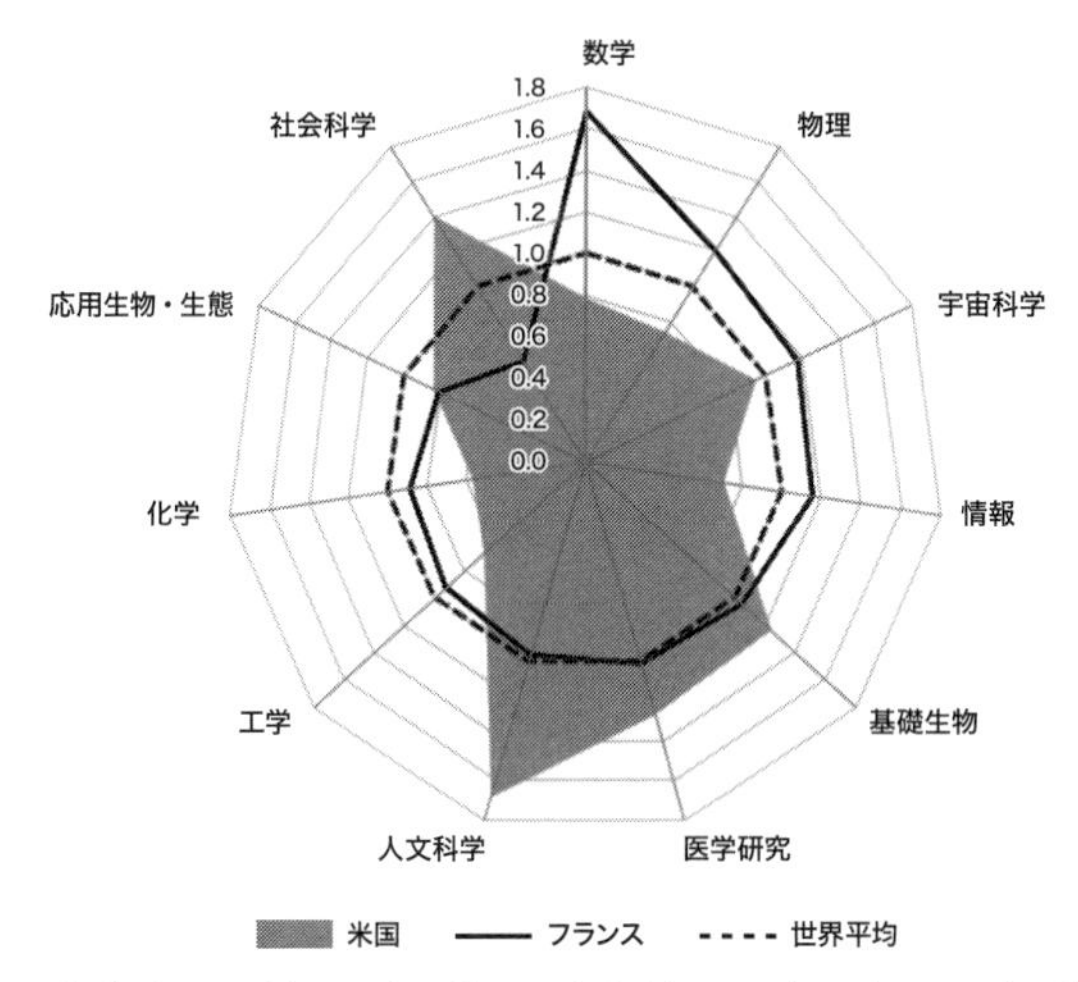

出典 :La position scientifique de la France dans le monde, 2000-2015

（3）分野ごとのフランスの強みと弱み

分野ごとの論文数を米国および世界平均と比較したのが、図18である。フランスの特徴は、世界平均をかなり上回る数学分野や、比較的高水準にある物理分野の論文数である。化学分野では低い傾向にあるが、これは、中国の化学分野の論文の伸びが著しいことによるとされている。情報と宇宙科学も高い水準にある。

4　ノーベル賞、フィールズ賞

（1）ノーベル賞

フランスの物理学賞、化学賞、生理学・医学賞の自然科学系ノーベル賞受賞者は、２０１８年まででで33名であり、米国（２６１名）、英国（79名）、ドイツ（69名）に次ぐ第4位に位置している。

フランスは、第二次世界大戦直前から実に30年間にわたり自然科学系ノーベル賞受賞者が出なかった時代を経験している。また、第二次世界大戦後の１９４６年から２０１８年までのこの受賞者数を比較すると、英国53名、ドイツ33名に対し、フランス18名であり、日本の22名と比べても少ない。

フランスの自然科学系ノーベル賞受賞者の出身校は、パリ大学12名、高等師範学校（ＥＮＳ）８名、ストラスブール大学５名が上位３校である。また、フランスの受賞者のうち21名は、ＣＮＲＳで研究した実績を有している。

(2) フィールズ賞

フィールズ賞は、数学のノーベル賞とも言われ、カナダ人数学者ジョン・チャールズ・フィールズの提唱により1936年から開始され、4年に一度、数学の基本的な発展に貢献した40歳以下の者に授与される（賞金約200万円）。2018年までの受賞者総数は64名で、米国13名、フランス12名、ロシア9名、英国8名、日本3名、ドイツほかが2名と続く。人口比から見てフランス人の受賞が比較的多い。フランス人受賞者のうち、8名がグランド・ゼコールである高等師範学校（ENS）卒業者であり、かつ、そのうち5名はさらにパリ大学の卒業者でもある。

ちなみにOECD／PISAにおけるフランスの数学の順位は、参加国45か国中26位と決して良いとは言えない。フィールズ賞の受賞者には二重国籍保持者も見られることもあるが、数学を競うために諸外国から集ってくる若者を含め才能のある天才を選りすぐり、極めて少数ながら頂点を目指す者を育て上げるシステムがあるようである。

5 特許

世界知的財産機構（WIPO）の特許協力条約に基づく特許申請の統計によれば、2018年のフランスの特許出願件数は7914件であり、米国5万6142件、中国5万3345件、日本4万9702件、ドイツ1万9833件、韓国1万7014件に比較して少なく、第6位に位置する。

一方、2017年のNature Indexが1980年から2015年までの95か国の特許申請における引用論文を調査し、多く引用される上位200の研究機関の中にフランスから12機関が入り、機関数で米国（81機関）、英国（19機関）に次いで第3位となった。

国内特許出願総数は、フランス国家工業所有権機構（INPI）によれば、2012年から毎年おおよそ1・65万件で推移しており、2017年のトップ3は、VALEO（自動車部品メーカ）の1110件、PSA（プジョー・シトロエン）の1021件、SAFRAN（航空・宇宙複合企業体）の795件である。公的機関としてはCEAが第4位に付け684件、CNRSが405件である。しかし欧州特許機構（OEB）への申請数で見ると、トップのVALEOも第18位となる。

6　大学ランキング

近年、フランスでも英国などの団体が公表している世界大学ランキングが注目されており、大学改革を論じる際のデータなどに取り上げられる。とくにフランスでは大学の国際的な発信力を高めるため、大学の再編・グループ化が進められてきていることもあり、その結果がどのように大学ランキングに表れるのか、高い関心が集まっている。

2019年のTHEランキングの上位大学（200位以内）に位置するフランスの大学は、下記のとおりである（括弧内の数字は、前年の順位と大学再編・グループ化の経緯）。

・41位…パリ科学文学（PSL）大学（72位で、ENSウルム、エコール・デ・ミン（パリ）、パリ・ドーフィヌ大学等が2015年にCOMUEを形成）

・73位…ソルボンヌ大学（123位のピエール・マリー・キュリー大学と196位のパリ・ソルボンヌ大学が2018年に統合）

・108位…エコール・ポリテクニーク（115位）

・194位…パリ・ディドロー大学（200位以下。元はパリ第七大学で、2019年3月にはパリ・デカルト大学ほかと統合）

一方、2019年のQuacquarelli Symonds（QS）ランキングでは、上位大学は、以下のようになっている（前年の順位などは省略）。

・50位…パリ科学文学（PSL）大学

・65位…エコール・ポリテクニーク

・75位…ソルボンヌ大学

・137位…セントラル・スペレック（CentraleSupélec）

・153位…高等師範学校（ENS）リヨン校

ランキングの動向を全般的に評価することは難しいが、GPIを運営している投資総務局（SGPI）によれば、上位10大学の平均順位がここ3年で、133位、124位、115位と上昇している。

フランスの大学ランキングの現状に関してTHEは、フランスの大学が再編・グループ化を通じて存在感を改善しているが、一方、米国の科学誌へのフランスの研究論文投稿数がまだ少ないためランキングに影響していると見ている。また、QSは、4・2万人の経営者に卒業生の「雇い易さ」という基準で評価を聞いており、この点でセントラル・スペレックとエコール・ポリテクニークなどの一部のグランド・ゼコールを除いて低い得点となっていることが、フランスの大学のランクを下げる原因となっていると述べている。

7　競争力指数

世界の競争力指数については、ダボス会議を主催する世界経済フォーラムが取りまとめており、140の国・地域について2018年版世界競争力指数（Global Competitiveness Index）として2018年10月に発表している。これによれば、フランスは第17位に位置している。上位を見ると、第1位から米国、シンガポール、ドイツとなっており、日本は第5位である。具体的な項目として挙げられているイノベーション能力で、フランスは第11位（第1位はドイツ、日本は第6位）となっている。また、WIPO等がまとめている2018年グローバル・イノベーション・インデックスでは、第18位に位置する（スイス第1位、英国第4位、米国第6位、日本第13位）。

12章
国際協力

1　国際協力におけるフランスの戦略

フランスは、科学技術・イノベーションが国際的な意義を持ち得る活動であるとの認識から、先述の高等教育・研究白書においても、外交の重要な要素として位置付けている。具体的には、国際的な競争環境の中でフランスの科学者・技術者の地位を維持・向上させること、国際的な政策課題に対し科学者・技術者が密接に関与すること、途上国における人材養成や科学的能力の向上を通じ科学者・技術者が開発問題への関心を醸成し、高めることなどを重視している。

フランスが認識する科学技術が持つ外交上の重要な力は、たとえば人類学にも及び、微妙な外交関係の国であっても遺跡発掘などの学術的活動が受け入れ国で評価され、実際リビア、イランなどにおいて、対話の道を残す実績につながったことがある。欧州・外務省は、世界全体で約250人に上る科学技術担当参事官、科学アタッシェなどを派遣しており、科学技術外交活動を支えている。収集された情報は、技術情報流通機構を通じてフランスの公的あるいは民間の研究機関に伝えられ、その国際戦略の策定、更新に役立てられる。

フランスと先進諸国との協力においては、米国、日本、欧州などのOECD諸国との間で、新型疾病、エネルギー欠乏、地球温暖化、自然災害、生物多様性の喪失、水資源の枯渇など地球規模の課題の解決に貢献すべく、科学者・技術者の動員を強化している。特に、米国のトップレベルの研究機関（スタンフォード大学、MIT、カリフォルニア大学バークレー校、シカゴ大学など）と共同研究を行ってフランスの研究開発の競争力やレベルの維持・強化に努めるとともに、欧州原子核研究機構（CE

RN）、国際熱核融合計画（ITER）など国際的な大規模研究インフラの構築にも積極的かつ主体的に参加している。最近では、米国のトランプ大統領がパリ条約からの脱退を宣言した後、マクロン大統領は、気候変動分野の米国を含む他の国の研究者をフランスに受け入れる旨を表明し、研究者募集が行われたことはこのような努力の一環である。

一方、発展途上国にとって大学や研究機関を強化し、科学者・技術者の層を厚くすることは、当該国の発展にとって鍵となる要素であることから、フランスは、途上国の若手研究者の養成、研究者の自立や国際社会への参加などの支援を通じて、その国における科学技術の強化に貢献している。具体例は、パスツール研究所、開発のための研究所（IRD）、熱帯・地中海地域持続開発農学研究開発国際協力センター（CIRAD）などによるネットワークの構築に見られる。

2　欧米諸国との協力

(1) EUでの協力

フランスは、EUを通じた欧州統合を確たるものとするうえで、科学技術・イノベーションは、重要な要素と考え1984年に開始された枠組プログラム（Framework Programme：FP）やESA（欧州宇宙機関）の創設、発展などに主体的に関与してきた。ここでは、総額130億ユーロの支援規模、2018年だけで19億ユーロを配分しているHorizon2020（2014年から2020年の7年計画）

を中心にフランスの参加の度合いを述べる。

Horizon2020においては、２０１４年1月から２０１７年9月までの間、フランスからの申請が累計で３２５件採択されている。採択率は17・5％であり、ＥＵ加盟国全体の平均採択率を2・7ポイント上回っており、また、ドイツ（16・5％）、英国（15・2％）より採択率は良い。一方、配分資金全体に対する獲得した研究費の比率で見ると10・6％で加盟国中3位と、第1位のドイツ（15・5％）、第2位の英国（14・6％）に比較すると低い。２０１８年7月からＭＥＳＲＩは、アクション・プランを策定して研究者の応募促進を図っている。

次に研究者の流動性であるが、Horizon2020の前のＦＰ７（２００７年から２０１３年）の「マリー・スクォドフスカ・キュリー計画」の結果で見ると、受け入れ研究者数の割合は全体の11・３％と第2位であり、第3位のドイツ9％よりは多い。第1位の英国は38％と群を抜いている。

この計画でフランスが受け入れた研究者全体４７４人の派遣国と人数は、イタリア91人（19％）、スペイン68人（14％）、デンマーク37人（８％）、英国28人（6％）などとなっており、逆にフランスが派遣した研究者全体３４５人の受け入れ国と人数は、英国１３３人（39％）、スイス35人（10％）、イタリア33人（10％）、ドイツ32人（9％）、スペイン22人（6％）という順である。研究者の出入りの比率（受け入れ人数／派遣人数）で見ると、フランスは１３７％で入超である。他の国の状況を見ると、英国は圧倒的な入超であり１５８３人を受け入れ１８５人を派遣している。ドイツは、ほぼ出入りが均衡している。

（2）ドイツとの協力

科学技術に関するドイツとの協力は、1963年の仏独友好条約により再開された。具体的な案件としては、1967年の世界初の高速炉の建設と、1974年の実験通信衛星シンフォニーの打上げや、1970年代におけるCNRSとマックス・プランク科学振興協会との間の協力が挙げられる。

現在、フランスにとって、ドイツは米国に次ぐ重要な二国間協力の相手であり、2002年以降は両国間でフォーラムを開催し、戦略的な情報交換を行っている。主要な協力形態は、人文社会科学を含む全ての分野を協力対象として、両国の研究チームがそれぞれの国に滞在して研究を行うユベール・キュリアン・パートナーが挙げられる。特に若手研究者、博士課程学生の参加が奨励されている。具体的な協力テーマとしては、バッテリーに関する研究、海底鉱物資源開発、遺伝子編集などが挙げられる。ちなみに両国の研究者による共著論文は毎年約7000件に上る。

なお、フランスでは、ドイツの労働生産性の高さ、中規模企業の業績の目覚ましさなどをめぐる議論がマスコミでよく取り上げられ、とかくドイツ的な手法をフランス流にうまくこなすこと(Mittelstand à la française)が目指されるが、なかなか現実的な方策として具体化されることがない。ドイツとの協力がフランスの研究開発能力や産業競争力の向上に具体的にどのようにつながっていくか注目に値する。

（3）英国との協力

英国とフランスの科学技術における協力の歴史は古く、フランスの公的研究機関の中ではCNRS、CEA、INSERMが主たる協力の担い手であり、大学ではパリ地域の大学が主要な役割を果たしている。パリ以外では、リヨン、エックス・マルセイユ、グルノーブル・アルプの各大学が目立っている。学生の交流に関しては、3か月から1年にわたる修士および博士課程学生の合同研修プログラムが両国で運営されている。

さまざまな技術分野における協力が進められてきたが、中でも航空と原子力の分野における協力が際立っている。航空については、1962年11月に締結された超音速機コンコルドの開発に関する協力が有名であるが、残念ながら同機は運行の中止に至った。原子力については、低炭素社会の実現手段でもある、フランス電力（EDF）によるヒンクリー・ポイントC原子力発電所の建設や、廃炉措置、放射性廃棄物管理および原子力安全・防護措置に関する共同研究を進めている。

（4）米国との協力

米国との協力は、産業界や学界を中心に従来から活発に進められてきているが、国家間の科学技術協力協定が締結されたのが、2008年10月のサルコジ大統領の時期であったことは、大変興味深い。この協定による協力の重点分野は、宇宙、エネルギー、デジタルおよび医療であり、2018年3月の第5回合同委員会では、協力強化課題として人工知能、量子技術、先進エネルギー・クリーン技術、海洋観測・開発、がん研究が挙げられた。

フランスにとっての米国は、学術分野における最も重要な協力相手と言ってよく、フランスの国際的な共著論文の4分の1以上を占めており、また、米国人学生の留学先希望国としてフランスは第4番目に位置し、毎年1万7000人以上を受け入れている。大学間の協力協定は800以上に上り、これにより共同の資格認定、共同研究の実施、学生・研究者の受け入れなどを行っている。

イノベーションに関連しては、フランスの欧州・外務省が「若手起業イニシアティブ」という計画を主導しており、フランスで起業し、欧州の市場にアクセスしたい米国の若い起業家をフランスに1週間招聘し、フランスの起業環境を体験する機会を提供するとともに、ネットワーク形成を支援している。2018年には、テキサスから18名の起業家を招聘した。

このほか、フランスはカナダ、米国とともに、大学、NGO、企業などの関係者を集めて、地球環境問題への対応などを科学と外交という文脈の中に位置付けて議論する場を設けている。

3 日本との協力

2018年は日仏交流160周年にあたり、中でもフランスと日本との技術交流の歴史は古い。普仏戦争での敗戦の影響で、明治政府が英・独の技術へ傾倒していったこともあり、その後フランスの技術の影が薄くなっていったが、それでも開国前後から、横須賀製鉄所や富岡製紙工場の建設、ガス灯の敷設などに見られるフランス人技術者の功績は大きい。現在に至るまで科学技術協力は日仏の協力の重要な柱として、累次の首脳間の宣言等でも取り上げられている。

近年の日仏の科学技術協力のベースは、1974年に締結された科学技術協力協定であり、1991年には、企業の活動も含むように改定され、ライフサイエンス、環境、農業、通信、ロボット、海洋科学などの分野において協力が進んでいる。2017年2月には第9回目の日仏科学技術合同委員会が開催されている。

現在、日仏の大学および研究機関の間で250件に上る交流の枠組が設けられている。代表的な枠組として、ANRと文部科学省と共同して行うロボティクス研究分野などの交流、ANRとJSTの連携による共同研究開発プロジェクトの公募と推進、ユベール・キュリアン・パートナー／SAKURAプログラムの合同派遣、フランス政府提供の日本人若手研究者に対するフランスでの研究支援グラント、CNRS／日本学術振興会（JSPS）の二国間計画やINSERM／JSPSの派遣などさまざまな制度が運用されている。また、CNRSは、日本、韓国、台湾を含めた北アジア地域を対象とする事務所を東京に設置しており、科学技術情報の収集、日仏の研究者の交流、CNRSの研究機関間協力の組織化などの役割を担っている。

高等教育関連では、2014年5月、履修単位や学位の相互認証に関する協定が締結され、日仏間の留学生交流も活発になりつつある。日本人のフランスへの留学生は、2016年に1659人とやや減少し、フランス人の日本への留学生は、2017年に1346人と増加傾向にある。

宇宙開発分野における協力については、1986年のCNESと宇宙開発事業団（現在宇宙航空研究開発機構、JAXA）の間の協力協定の締結に始まり、2015年10月に更新されたJAXAとの協定に引き継がれている。両国間では、宇宙科学、探査、地球科学、気候、宇宙輸送などに関する幅広い協力が行われてきている。

原子力分野における協力については、1965年7月に書簡交換による研究協力が開始され、1972年には原子力協力協定が締結されて、物資、機材などの移転が行われるようになった。CEAは、日本の電力会社との間でウラン精鉱の売買、濃縮やMOX燃料加工の役務提供などの契約を結んでいる。また、コジェマ社（現ORANO社）は、日本の電力会社に使用済核燃料の再処理役務を提供し、さらに日本の再処理工場建設に際して技術提供を行った。今後の協力に関しては、CEAと日本原子力研究開発機構（JAEA）で行われているナトリウム冷却高速炉実証炉であるアストリッド開発協力や、廃棄物処分、廃炉などさまざまな先進分野における情報交換などが挙げられる。

4　学生の交流

学生の動きからフランスの位置を見てみたい。

UNESCOによれば、2016／17年学期に大学入学段階で国際的に移動した全ての学生は約460万人とされ、2010年当時に比べ6・2％増加している。フランスが受け入れた学生の数は、約32万人で4・2％増に留まっているが、受け入れ人数では米国、英国、豪州に次いで第4位に位置している。フランスが受け入れる学生の半数近くが、モロッコ、アルジェリアが上位を占めるアフリカ諸国からの留学生であるが、中国からの留学生も2・3万人と第2位に付けている。

欧州で見ると、その学生の85%が欧州内で移動し、その主な受け入れ国は、英国約13・3万人、ドイツ約9・0万人、米国約8・3万人となっており、フランスは、第6位の5・2万人あまりで、欧州の学生の5・3%を受け入れている。

EUのエラスムス計画の枠組で欧州の学生の移動を見ると、2014年/15年学期で合計約29・1万人が留学しており、受け入れ数の第1位はスペインの約4・3万人、第2位はドイツ約3・3万人、第3位は英国約3・0万人と続き、フランスは第4位で約3・0万人である。同計画の同学期におけるフランス人の留学生は約7・9万人(12・2%)で、増加の一途であり、その留学先第1位はベルギー約1・7万人、第2位英国約1・1万人、第3位カナダ約1・1万人である。

フィリップ首相は、2018年11月、受け入れる留学生の総数を2027年に50万人(2018年時点で約32万人)に増やす方針を示し、専門家グループに具体策の検討を委嘱したところ、海外の学生に対する情報提供窓口の一本化や情報の充実、学生就労ヴィザの容認、受け入れ学生基準に関する大学の裁量権の拡大などが助言されている。

なお、フランスでは、2019年学期から学士、修士および博士課程に入学する欧州域外からの全ての留学生に対して通常の登録料(第6章2(1)参照)だけではなく、授業料(学生の場合2770ユーロ)を徴収する予定になっているが、途上国などからの留学生の動向に影響が生じるとして大学からも反対の声が上がっている。

13章

科学技術・イノベーションにおけるフランスの特徴と課題

ここまでフランスの科学技術・イノベーションの基本的な仕組みを概観してきたが、以上を踏まえて、フランスのシステムが持つ強みと弱み、課題を含めて筆者3名の私見を述べて、読者の批判を仰ぎたい。

1　科学技術に関する伝統と蓄積、そして問われる桎梏からの脱却

科学技術・イノベーションにおけるフランスの持つ最大の強みは、基礎科学から応用までを築き上げる伝統と蓄積である。同時にその伝統と蓄積が、桎梏、付きまとう足かせとなっている面があることを無視することはできない。

フランス革命期のラボアジェやガロア、あるいはその後のパスツール、キュリーなどの活躍は、英国などの近隣諸国とともに近代科学を切り開いたフランスの輝かしい証である。19世紀中葉から今日に至るまで、規模を拡大しながら存続している医学におけるパスツール研究所、がんなどの難病研究から治療までを行うキュリー研究所、数学と理論物理学におけるアンリ・ポアンカレ研究所の存在は、フランスにおける基礎から応用（臨床）までを担う科学のあり方と、それを実行する粘り強い精神を体現している。第二次世界大戦後のド・ゴール大統領らによる公的研究機関であるCNRSなどの拡充・強化は、この伝統を引き継いだものである。

高等教育・研究の世界を構成する人々が、政治・行政を担当する人々と連携しつつ、フランスの科学技術システムを守り育てていくという点で、フランス独特の意志決定機構の伝統も重要である。

科学技術に限らず、フランスでは、国を挙げて広く、かつ十分に議論を戦わせ、それを集約して物事を決定する「三部会」の伝統がある。終戦後の1956年に開催され今日の高等教育・研究体制の基本を築いた「カーン会議」をはじめとし、科学技術において大きな課題に直面した際には、この三部会的な討論を行い、科学者、技術者の意見を集約することが行われてきている。これにより研究の重点、研究環境、研究者の処遇などが徹底的に議論され、その結果が政府に報告され、法律や政策として実現する。また、いわゆる1968年五月危機を受けて徹底されていった高等教育・研究に携わる関係者の意見を吸収するやり方は、組織の運営方法にも見られ、重要な内容を決定する会議には、管理者側に加えて職員代表が必ず参加する仕組みがある。その際、男女比の公平を確保していることも見逃せない。

さらに、歴史に裏打ちされた優れた人材養成制度が存在し、基礎研究や原子力などの巨大技術開発を支える研究者や技術者が、継続的に産み出されてきていることも重要である。大学やグランド・ゼコールなどの高等教育の中での技術者教育の占める位置は大きく、研究開発の現場で活躍する技術者、技能者の育成にもつながっている。その職業的な地位を確固とするシステムは、ミッテラン政権時代にとられた全員公務員化政策によって造られた公的研究機関の分厚い、かつ強力な人材集団に支えられている。

しかし、これら引き継がれた伝統は、同時にフランスの研究システムが、さらなる発展を遂げるうえで困難をもたらしている面がある。公的研究機関の役割が大きくなれば、それだけ科学技術を担う相当数の人員を国が直接抱えることを余儀なくされ、そのしわ寄せは今日の肥大化した人件費に現れている。職員の意見を尊重する運営方法は、政治的な色彩を帯びた組合的な団体が関与することもあり、意志決定が複雑かつ時間を要するプロセスとなることを覚悟しなければならない。特に政権交代時の「三部会」的な議論では、高等教育、研究の根幹を担う公務員の身分、処遇に対する現状維持的な要求が強くなり、微温主義的な改良に終始し、重要な改革の機会を遠ざけてきたとも言える。以下に述べるいくつかの挑戦に向かっていくためには、フランスが価値ある伝統を生かしつつも、なによりもまずこのような付きまとう桎梏からの脱却の道を併せて探っていくことが課題となろう。

2 試される国主導の推進体制

フランスの科学技術・イノベーションの中で、世界一の科学技術大国である米国にも比肩する実力を有している分野が、原子力、宇宙、航空などの巨大プロジェクト開発であり、その産業化には目覚ましいものがある。言わばド・ゴールの遺産である国際競争力の強さは、ＡＲＥＶＡ社（現ＯＲＡＮＯ社）の原子力発電関連技術、アリアンスペース社のアリアンロケット、エアバス社の航空機などに、現在も引き継がれている。このようなフランスの強みを裏打ちしているのは、公的研究機関の企業に対する出資や人材派遣などによる関与の強さ、政策的に強化されてきた高度な技術的な人材の大量育成、エコール・ポリテクニークやエコール・デ・ミンなどのグランド・ゼコール出身のエリートの持つ人的つながりによる政府と一体となった政策の推進などであろう。

巨大プロジェクト開発におけるフランスのイニシアティブの確保の動きは現在も続いており、たとえば地球温暖化対策を主導しパリ協定の取りまとめ役としての立場を世界に鮮明にし、原子力を堅持しつつ、エネルギー転換についても主導しようとしている。フランスの原子力開発の中心的な機関であるCEAは、福島第一原子力発電所事故の起こる前の2010年に、いち早くその任務に「代替エネルギー開発」を加えている。さらにこのような歴史的な国主導の分野を追随するかのように、高い競争力を有するサノフィを中心とする製薬産業と国が戦略契約を締結し、INSERMやパスツール研究所などとの協力体制を強化して、この業界の国際競争力を高めるべくいっそう力を入れている。

一方、より競争が激しいIT産業におけるフランス企業の存在感は薄く、自動車産業もドイツや日本、米国はもとより、さらには中国と比較してもやや競争力で弱い感が免れない。IT産業は、将来の雇用にも大きく貢献する分野であり、ここで競り負けると他の分野における競争力に影響するおそれがある。国の関与を極小とし、企業の自由かつ柔軟な発想でイノベーションをけん引することが最適な分野もある。しかし、国主導の研究開発体制を築いてきたフランスが、企業の主戦場とも言えるこのような先端分野で、どのような機動性を発揮できるかは大きな課題であると考える。

マクロン政権は、米国のDARPA方式によりイノベーション機関を創設することをEUに対して提案し、すでにAI分野でドイツと協力して研究を主導するAI研究推進機関を創設している。また、イノベーションが複数省にまたがる課題であるとの認識の下、MESRI大臣と経済・財務大臣が共同議長を務め、関係4大臣も参加して横断的な取り組みを強化する「イノベーション会議」を開催した。このような方策によりこれまで手薄でもあった「研究から産業へのシームレスな体制」が、国主導で生み出されるのか注目される。

3 研究システムにおける管理体制の複雑さと硬直性

科学技術の推進体制において国の主導が強いことは、MESRIなどの管理が中央集権的であり、承認を要する管理的事項が複雑・多岐にわたるという問題にもつながる。また、大学やCNRSなどの職員は公務員であり、その処遇は極めて硬直的で昇級などは年功序列的である。たとえば、CNRSで人事に関して権限を有するCoNRSの評価などの手続は行政管理的で、とくに人件費、昇進、異動などでは非常に厳しい管理がなされている。オランド政権以来、累次の簡素化施策が取られているが、それでも前政権での施策や組織に新しいものが上乗せされ複雑化していく傾向は否めない。このため、政府にとっては新しい施策等に対する追加の投資が必要となり、現場には余分な負担を負わせる結果となっている。

他方、我々がUMRなどの研究現場で研究責任者の意見を聞くと、彼らは意外にも研究内容や研究室の運営などで自由度を有していると述べることが多い。しかし敢えて言えば、多岐にわたるプロジェクト研究費の拡充によってこの研究に直接関わる自由度を確保することと引き替えに、硬直的な事務手続や人事などの厳しい管理を甘受しているようにも思われる。ちなみに、2018年7月の国民議会報告は、プロジェクト研究費の拡充等が進んで財政措置が多様化したことにより、研究現場での予算の使途が不透明になっているという問題を指摘しているが、これを解決するために新たな管理を持ち込み、研究現場が享受している自由度を削ぐ結果にならないよう留意する必要があろう。

言うまでもなく科学的に優れた業績を挙げるためには、研究の進展に即応して適切な研究組織を速やかに立ち上げ、資金を投入できる仕組みがなによりも重要である。特に今後プロジェクト研究費が増額されるとすれば、機関補助が中心の研究費に基づく人事、雇用、物品購入・管理などの従来の運営方法、規則などを研究現場の自由度を拡大していく方向で改革していく必要があろう。

4 バカロレア合格者なら誰でも行ける大学とその大学の研究機能の強化

フランスの大学の歴史は古く、さらにフランス革命を挟んで、グランド・ゼコールと言うフランス独自のエリート育成機関を設立するなど、世界的にも優れた高等教育システムを築き上げてきた。第二次世界大戦後には、大学が国の基礎研究の主力となる米国のシステムが世界の標準となり、英国、ドイツ、日本などがこれに追随してきた。フランスでもこの動きに呼応するように、大学とCNRSなどとの連携が課題となり、大学の研究ポテンシャルの強化を目指した。1960年代に始まるUMRの大学内への設置などは、その代表的な例である。最近でもCOMUEにIDEX等のラベルを付与したり、研究大学院を選抜して設置したりすることなどによる大学の研究機能の強化策や、再編・グループ化により大学の規模を大きくし、地域ごとの研究機関との連携を強化し、研究ポテンシャルを高めるサイト政策が重要視されている。

しかし、米国や英国の有力大学に力負けしている現状を打開し、大学の研究ポテンシャルの向上を図ろうとして、何年にもわたり政府を挙げて大学にテコ入れしているにもかかわらず、必ずしも順調に成果を挙げているとは言えない。大学の再編が成功し、成果を収めた結果、世界大学ランキングでランクアップにつながった例もある。しかし、いくつかのCOMUEでは、個別機関が独自性を主張したことなどにより離脱や解散が起こり、また、グランド・ゼコールとの連携がうまく進んでいない例も見られる。

フランスでは、「競争的な選考」で優秀な学生を選ぶことはグランド・ゼコールと一部の高等教育機関に限って行われ、普通の大学は、バカロレア合格者なら誰でも分け隔てなく進学できる高等教育機関であるべきとされている。結果として優秀な人材がグランド・ゼコールに集まることになる。したがって、この仕組みの中にある普通の大学をいかに優秀な人材を集め研究ポテンシャルの高い高等教育機関に仕立て上げるかが、制度的な課題である。実際、政府の中には、大学の入学制度に選抜試験を導入する考えがないわけではないが、そのような方針が1968年の学生運動の引き金の一つとなったことに見られるように、歴史的には国民の合意を得るに至っていない。

マクロン政権は、順調とは言えないCOMUEによる再編・グループ化をさらに見直し、今後10年間大学再編の「実験」を行うことにした。その中で特別の大学を選定し強化する道を探っているが、優秀な大学と、普通の大学という「二つの速度」を持つ大学を共存させるという微妙な道を時間をかけて探ることになる。すでに歴史的にも存在し容認されている制度の枠内であれば、既存のグランド・ゼコールから研究者への道をより太くしていく方策もあるのではないか。いずれにしても研究に優れた大学を作り上げるのは容易な道ではない。引き続きフランス政府の粘り強い努力が必要と考えられる。

5　貧弱な「競争的」資金とエクセレンスの発掘へ向けた課題

これまでの基礎科学の優れた伝統を踏まえ、人文社会科学も含めた基礎研究を重視する姿勢が、オランド政権最後に策定された「高等教育・研究白書」で強調されている。米国、中国などでは、NIH、NSF、中国国家自然科学基金委員会（NSFC）といったファンディング機関が豊富な資金力で競争的研究費を支出して基礎研究の振興にあたっている。フランスでは、ファンディング機関であるANRがNSFなどと同様の役割を果たしているが、NSFなどに比べ、その資金規模はかなり小さい状況にある。ANRの設立後サルコジ政権時代の一時期に増額が図られたものの、オランド政権になってむしろ減額されてきた経緯がある。フランスが、他の主要先進国と基礎科学のフロンティアで競うためには、少なくともANRの資金規模を飛躍的に拡大する必要がある。少額であるとは言え、2016年からその増額に転じたことは望ましいことである。

しかし、資金規模を拡大するだけでは、解決にはならない。たとえばANRでは、応募から採択まで約1年を要しており、年1回の募集では研究現場の要請に即応していくことは難しい。米国NIHでは、年3回募集のプログラムもある。競争的資金の配分に関わる事務負担の増加をいとわず、ANRでも柔軟かつ手厚い対応が必要ではないか。と言うのも、競争的資金は基盤的な研究費を単に補うものと考えるのではなく、その選考は、ファンディング機関の選考委員およびプログラム・オフィサーが、申請者と一体となって科学的な価値を創出していくプロセスでもあり、申請者は科学の先端を開く者として選ばれることを最高の名誉と見なすことが重要であろう。このような認識の変化をもたらすためには、「資金を配り人材を動かす」システムを根本的に改めていく必要があろう。

フランスの科学アカデミーは、18世紀にその機関誌に掲載される論文の審査に今日のピアレビュー（同僚審査）を導入した歴史を有している。CNRSを中心に多数の研究グループ会合という組織が同僚を集めて科学の進歩を追跡し研究現場を活性化している現状と併せて考えれば、基礎研究で精彩を放つ英国に劣ることのないエクセレンスの適時的な発掘を可能とする素地があると考える。

政府内では本件に関し、研究の複数年予算計画法案の検討を行う作業グループが、「競争的資金および機関補助資金」をテーマに審議することとなっているが、極めて重要な機会となろう。

6　欧州諸国との科学技術協力の恩恵とさらなる発展への道

フランスやドイツなどの西欧諸国には、科学研究の伝統を有する優れた大学や研究機関が多く存在しているが、国の科学技術力の基礎となる研究者数や研究開発費は、それぞれ単独では米国、中国、日本などと比較して少ない状況に甘んじており、一国主義を通す限りにおいては、到底米国などに太刀打ちできない。フランスが先頭に立って他の欧州諸国と進めてきた欧州統合は、科学技術・イノベーションにとっても大きな役割を果たしていると考えられる。フランスは、欧州統合の中で英国やドイツなどと協力を進め、また、欧州諸国や北米の研究者を国内の審査・評価制度などに広く参加させることにより、科学の先端を開くためのクリティカル・マスを確保して研究の質の向上を図ってきたと言える。たとえば、論文の相対被引用度で見ればフランスは、世界第5位で日本や中国より上位にあり、また、最新のNature Indexがまとめた特許に引用されている論文の数が多い上位200の研究機関で見ると、フランスの研究機関の数は、米国、英国に次いで第3位の位置にある。

一方、フランスは、そもそもEUへの拠出金1ユーロに対して国内に戻るお金が0・66ユーロの割合であり、その拠出に見合っていないという問題を抱えている。政府は、EUの枠組プログラムにつながるANRの制度を設けるなどして、積極的な対応を研究者に促している。このように現状ではフランスの外部、すなわちEUの枠組として設けられたファンディング機関を活用することに努力が注がれている。

しかし、本来の欧州の大きさ、すなわちEU全体の研究者約189万人という世界一の規模を活かすため、欧州諸国とともにファンディング機関そのもののあり方を根本的に見直し規模の効果を発揮していくことも重要であろう。資金規模を飛躍的に拡大するとともに、十分な量と質の基礎研究も吸収していけるよう裾野の広いファンディング機能を達成する必要がある。

7 フランス語の栄光と国際化のための英語使用の徹底

フランスでは、憲法でフランス語が国の言語であると定められており、近年まで、公費で行われた活動の成果は、全てフランス語で示さなければならないとされていた。現在でもフランスは、フランス語圏の諸国に対して外交的イニシアティブを発揮し、科学技術においても独自性ある外交を展開している。ルーヴル美術館の海外展開、パスツール研究所の在外協力支部の形成、グランド・ゼコールの外国機関との提携などは、フランスしかできない強みと言える。

しかし、第二次世界大戦後、科学技術・イノベーションの世界では、米国や英国などの英語圏の国々の力が他を圧倒しており、研究成果の発表や研究者同士の議論に英語を使用することが標準となってきている。この傾向はフランスでも同様であり、1990年代以降は、国際化を旗頭に研究や教育の現場での英語の使用を容認する方向に舵を切り、今日に至っている。フランス語の栄光を第一に唱えてきた国として、フランス語による成果の発信を、涙を呑んで封じ込めてきたと思われるが、死活的に重要なコミュニケーション・ツールとして英語を用いざるを得ない今日、フランスの研究現場が国際的な発信を強化していけるよう期待したい。

また、大学の世界ランキングは、英国の団体が評価しているものが中心であるため、その評価指標として英語での活動に重点が置かれている。フランスでも、大学のランキングを上げるため、たとえば研究大学院の組織の名称を英語名とすると定めたり、また、再編された大学に属する複数の機関が共同で論文発表をする際、統一した英語の機関名を記するよう指導したりするなど、極めてきめ細かい取り決めがなされている。このような努力により徐々にランキングの上昇は見られるものの、小手先だけでは不十分であり、まだまだである。

フランスに留学し、またはフランスで研究する者にとって、日常生活に必要なフランス語の習得はある程度必須であり、語学研修を受けずに済ませることはなかなか難しい。いずれにしても日常生活に不自由しないフランス語を習得する労苦をいとわないくらいに、フランスが国際的に魅力ある研究の場となることが第一であろう。

8　フランスが尊重する平等の確保、特に研究現場における平等と自由意思

以上のとおり、より大きな飛躍のための課題は多いが、最後に伝統を大切にしているフランスが選択している研究システムのフランスらしい側面を浮き彫りにしたい。

まず、フランス全体を眺めてフランスらしい姿を見てみたい。パリとその近郊への資源の集中はやむを得ないとしても、フランスは競争力拠点形成やサイト政策など多くの施策において、なによりも地域の平等な発展を重視している。一方、先端の技術開発などにおいて、パリ周辺、リヨン、グルノーブル、トゥールーズなどへの投資が進んでしまうのが常である。そしてこの結果、投資が進まない地域における失業や治安などの社会的な問題が取りざたされることになる。このような事態を避けるため、政府は科学技術・イノベーションを含むさまざまな施策において、全国の均衡ある平等な発展を政策的な重点としてきている。この地域の平等な発展を追求する姿は、今後フランスの科学技術・

イノベーションの動向を探っていくうえで、また、フランスと協力を進めるうえで、フランスが尊重している視点として押さえていっても良いであろう。

フランスの研究システムの特徴は、研究現場を円滑に回していくため、過度の競争環境を排し、研究者個人を取り巻く平等な環境を優先していることである。新自由主義に立つサルコジ政権当初、米国並みの競争的な環境の導入による世界レベルの大学、研究機関創りに方向転換し、また、定量的な評価の仕組みを導入して機関評価、研究者の個人評価を行おうとしたが、フランスの科学界には受け入れられず、長い議論の末にオランド政権時にこれらの取り組みは、廃止されたという経緯がある。フランスでは、いわゆる競争的な資金に対する抵抗感が強く、国の機関補助による基盤的な研究費が重要視されるのも、平等性を大事にするという考え方が底流にあるからと考えられる。また、フランスの大学やCNRSの人事制度は、全ての職員に平等に適用されるという原則の下にある。しかし、いったん結果が出るとその後はそれを踏まえた対応がなされ、科学的なメリットを踏まえた優れた研究や研究者への傾斜が、当然存在している。この傾斜が可能であるのは、UMRなどの研究現場が有する研究内容や研究費の使途に関わる研究責任者の采配に自由度があるからであり、限られた額ではあるがプロジェクト研究費を柔軟に使う自由意志が尊重されているからと言える。ここにフランスの研究者が、現状を受け入れているバランス感覚があるように思われる。

今後、過度な管理主義を廃し、この自由度をさらに高めて、独自性のあるフランスらしい研究システムを確立し、さらなる科学技術・イノベーションの発展を目指してもらいたい。

おわりに

本書は、国立研究開発法人科学技術振興機構（ＪＳＴ）の研究開発戦略センター（ＣＲＤＳ）が、常時行っているフランスの科学技術情勢に関するモニタリングの成果を中心として、海外動向ユニットの白尾、林、八木岡が共同でまとめたものである。したがって、これらの3名が本書の文責を有する。また、本書の作成にあたり、現在ＯＥＣＤ科学技術イノベーション局に勤務する山下泉氏がＣＲＤＳ所属時にまとめた「科学技術・イノベーション動向報告書（２０１４年版）」を参考とした。

フランスの科学技術の基本的な仕組みを紹介した書籍が少ないことを踏まえ、本書では、まずその全体像を伝えることに力を注いだ。次いで複雑なシステムのどういう側面がフランスの力となっているかを伝えようと努力している。フランスが、民主主義と並んで近代国家の基本的価値である平等主義を尊重して研究システムをいかに構築しているかを理解しつつ、一方で他の先進諸国と相伍して基礎研究・イノベーションをリードするため、競争的な環境をどのように埋め込んでいくか、かなり苦労している足跡を追ってみた。その努力、試行錯誤の姿を知ることによって、同じく今後の研究システムの在り方を模索していこうとする日本にとっても、重要な示唆となることを期待したい。

また、この書籍の隠れた狙いは、研究開発費や研究者数が相対的にそれほど多いとは言えないフランスがなぜ世界第5位の論文の質を確保しているのか、という、ある種のフレンチ・パラドックスの秘密を探ることでもあった。その際、ある見立てを念頭にさまざまな制度を調査していった。

一つは、クリティカルな数の同一課題を追う研究者（ピア）による審査で申請された課題の科学的価値を見出し、ファンディングをし、そして参加したピアも科学的な刺激を受けて研究を続け、ファンディング機関のプロジェクト・マネージャーは、科学的な目を持って申請者とピアの論議に参加して、科学的価値を拡大再生産する仕組みを動かす、そういう科学の先端を開く仕組みがフランスの研究システムの中に制度として備えられているはずである、これが資源配分と科学的な評価を同時に行う効率的な仕組みになるはずである、という見立てである。

二つ目は、米国などの研究費の配分の仕方と比べると、フランスは人件費を含んだ機関補助の比率が高いが、ある程度の人件費をプロジェクト研究費でも賄い、研究者が科学的価値によって裁量をふるって効果的かつ自由に研究現場を主導する米国的なやり方の方が、科学の先端を開くためには最適なのではないか、というものである。

本書を書き終わってみて、前者は調べきれなかったが、後者については人件費は硬直的ではあるが、多様なプロジェクト研究費を生かした研究者の裁量ある研究の進め方が、フレンチ・パラドックスの答えの一つであるようにも思える。しかし、これらの見立てについては、満足のいく結論を得るまでには至っていない。ある国の科学技術の強さをきちっと納得できる形で説明するためには、ピアレヴューの現場など科学の先端が開かれる仕組みや、資金投入の適時性などを測れる新たな観察手法を手にする必要があるのではないか、という思いを強くした。引き続き視点を磨きながら調査を続けたい。

本書作成にあたっては、山下泉氏、独立行政法人日本学術振興会専門調査役遠藤悟氏、慶応義塾大学理工学部訪問教授永野博氏、ＪＳＴ・ＣＲＤＳの有本建男氏、植田秀史氏、倉持隆雄氏、佐藤順一氏、藤山知彦氏の各氏から貴重なご意見をいただき、在京フランス大使館科学技術参事官ジャン＝クリストフ・オフレ氏、ＣＮＲＳ日本・韓国・台湾事務所代表ジャック・マルヴァル氏、CEA Tech日本代表ヤン・ガレ氏には現地調査等でご支援をいただいた。また、本書に用いた図の一部を、ＣＲＤＳの小松崎美奈氏に作成をお願いし、一部の写真は、在京フランス大使館、CEA Tech 日本代表部のご厚意により、掲載している。これらの方々に深く感謝の意を表したい。

２０１９年７月

白尾　隆行

主な略語、研究機関リストおよび参考文献

1　主な略語（研究機関リストは次項参照）

・AERES…Agence d'évaluation de la recherche et de l'enseignement supérieur：研究・高等教育評価機構（下記 HCERES の前身）
・ANR…Agence Nationale de la Recherche：国立研究機構
・Bpifrance…Banque publique d'investissement France：フランス公的投資銀行
・CESE… Conseil économique, social et environnemental：経済社会環境審議会
・CGE…Conférence des grandes écoles：グランド・ゼコール機関長会議
・CGSP…Commissariat général à la stratégie et à la prospective：戦略展望庁
・CIFRE…Conventions industrielles de formation par la recherche：研究を通じた養成のための企業との協定
・CIR…Crédit d'impôt recherche：研究費税額控除制度
・CNESER…Conseil national de l'enseignement supérieur et de la recherche:国家高等教育・研究会議
・CNI…Conseil national de l'industrie：産業審議会
・CNU…Conseil national des universités：大学審議会
・COMUE…Communauté d'universités et établissements：大学・高等教育機関共同体

・CoNRS…Comité national de la recherche scientifique：科学研究国家委員会
・CPU…Conférence des présidents d'université：大学学長会議
・CSR…Conseil stratégique de la recherche：研究戦略会議
・DGRI…Direction générale de la recherche et de l'innovation：研究・イノベーション総局
・DGESIP…Direction générale de l'enseignement supérieur et de l'insertion professionnelle：高等教育・職業就職総局
・EDF…Électricité de France：フランス電力
・ENA…École nationale d'administration：国立行政学院
・ENS…École Normale Supérieure：高等師範学校
・EPCA…Établissement public à caractère administrative：行政的性格の公的機関
・EPCSCP…Établissement public à caractère scientifique, culturel et professionnel 科学・文化・専門的性格の公的機関
・EPIC…Établissement public à caractère industriel et commercial：産業・商業的性格の公的機関
・EPST…Établissement public à caractère scientifique et technologique：科学・技術的性格の公的機関
・ERC…European Research Council：欧州研究会議

・ESA…European Space Agency：欧州宇宙機関
・EUR…Ecoles universitaires de recherche：研究大学院
・FII…Fonds pour l'innovation et l'industrie：産業イノベーション基金
・FCS…Fondation de coopération scientifique：科学協力財団
・GPI…Grand plan d'investissement：大規模投資計画
・HCERES…Haut conseil de l'évaluation de la recherche et de l'enseignement supérieur：研究・高等教育評価高等審議会
・IDEX…Initiatives d'excellence：エクセレンス・イニチアチブ
・INSEE…Institut national de la statistique et des études économiques：国立統計経済研究所
・I-SITE…Initiatives-Science-Innovation-Territoires-Economie：科学・イノベーション・地域経済イニチアチブ
・IUT…Institut universitaire de technologie：技術短期大学校
・MESRI…Ministère de l'Enseignement supérieur, de la Recherche et de l'Innovation：高等教育・研究・イノベーション省
・MIRES…Mission interministérielle recherche et enseignement supérieur：省際ミッション研究・高等教育

- OPECST…Office parlementaire d'évaluation des choix scientifiques et technologiques：議会科学技術選択評価局
- PACTE…Plan d'action pour la croissance et la transformation des entreprises：企業の成長と転換のための法律
- PEPITE…Pôles étudiants pour l'innovation, le transfert et l'entrepreneuriat：起業学生の技術移転支援機関
- PIA…Programme d'investissements d'avenir：将来への投資計画
- PRES…Pôles de recherche et d'enseignement supérieur：研究・高等教育拠点
- SATT…Sociétés d'accélération du transfert de technologies：技術移転促進機関
- SGPI…Secrétariat général pour l'investissement：投資総務局
- SNR…Stratégie nationale de recherche：国家研究戦略
- SNRI…Stratégie nationale pour la recherche et l'innovation：研究・イノベーションに関する国家戦略
- StraNES…Stratégie nationale de l'enseignement supérieur：国家高等教育戦略
- UMR…Unité mixte de recherche：混成研究ユニット

2　研究機関リスト（第4章の研究活動実施機関に相当する35機関）

- ADEME…Agence de l'environnement et de la maîtrise de l'énergie：環境エネルギー管理機構
- ADIT…Agence pour la diffusion de l'information technologique：技術情報流通機構
- ANDRA…Agence nationale de gestion des déchets radioactifs：国立放射性廃棄物管理機構
- BRGM…Bureau de recherches géologiques et minières：地質鉱山研究局
- CEA…Commissariat à l'énergie atomique et aux énergies alternatives：原子力・代替エネルギー庁
- CEE…Centre d'études de l'emploi：雇用研究センター
- CEPH…Centre d'étude du polymorphisme humain：人間多型研究センター
- CIRAD…Centre de coopération internationale en recherche agronomique pour le développement durable des régions tropicales et méditerranéennes：熱帯・地中海地域持続開発農学研究国際協力センター
- CNHI…Cité nationale de l'histoire de l'immigration：国立移民歴史都市
- CNES…Centre national d'études spatiales：国立宇宙研究センター
- CNRS…Centre national de la recherche scientifique：国立科学研究センター

- GENOPOLE…Premier biopare français dédié à la recherche en génomique, génétique et aux biotechnologie：遺伝子・遺伝・生物技術のためのフランス生物パーク
- IFE…Institut français de l'éducation：フランス教育研究所
- IFREMER…Institut français de recherche pour l'exploitation de la mer：フランス海洋開発研究所
- IFPEN…Institut Francais du Petrole (IFP) Energies nouvelles：フランス石油研究所／新エネルギー研究所
- IFSTTAR…Institut français des sciences et technologies des transports, de l'aménagement et des réseaux：フランス交通都市ネットワーク科学技術研究所
- INCA…Institut national du Cancer：国立がん研究所
- INED…Institut national d'études démographiques：国立人口研究所
- INERIS…Institut national de l'environnement industriel et des risques：国立産業環境リスク研究所
- INRA…Institut national de la recherche agronomique：国立農学研究所
- INRIA…Institut national de recherche en informatique et en automatique：国立情報学・自動制御研究所
- INSERM…Institut national de la santé et de la recherche médicale：国立保健医学研究機構

- Institut Curie：キュリー研究所
- Institut Pasteur：パスツール研究所
- IPEV…Institut polaire français Paul Emile Victor：フランス・ポール・エミール・ヴィクトル極地研究所
- IRD…Institut de recherche pour le développement (ex-ORSTOM)：開発のための研究所(旧海外科学技術研究局)
- IRSN…Institut de radioprotection et de sûreté nucléaire：放射線防護原子力安全研究所
- IRSTEA…Institut national de recherche en sciences et technologies pour l'environnement et l'agriculture：国立農業環境科学技術研究所（２０２０年、ＩＮＲＡと統合予定）
- MNHN…Museum national d'histoire naturelle：国立自然史博物館
- Musée du quai Branly：ケ・ブランリー博物館
- ONERA…Office national d'études et de recherches aéronautiques：国立航空宇宙研究所
- OST…Observatoire des Sciences et Techniques：科学技術観測センター
- RENATER…Réseau national des télécommunications pour la Technologie, l'Enseignement et la Recherche：技術・教育・研究のための国立通信ネットワーク
- Universcience…Cité des sciences et Palais de la découverte：ユニヴェルシアンス―科学産業都市と発見の館

3 参考文献

・柴田三千雄『フランス史10講』（２００６年、岩波新書）
・小山慶太『科学史人物事典』（２０１３年、中公新書）
・隠岐さや香『科学アカデミーと「科学の有用性」』（２０１１年、名古屋大学出版会）
・菅野賢治『ドレフュス事件のなかの科学』（２００２年、青土社）
・キース・デブリン著、原啓介訳『世界を変えた手紙―パスカル、フェルマーと〈確率〉の誕生』（２０１０年、岩波書店）
・菅裕明『切磋琢磨するアメリカの科学者たち』（２００４年、共立出版）
・高等教育・研究・イノベーション省：http://www.enseignementsup-recherche.gouv.fr/
・経済・財務省：https://www.gouvernement.fr/le-ministere-de-l-economie-et-des-finances
・CNRS：https://www.cnrs.fr/
・CEA：http://www.cea.fr/
・CNES：https://cnes.fr/en
・INSERM：https://www.inserm.fr/
・INRIA：https://www.inria.fr/
・パスツール研究所：https://www.pasteur.fr/fr
・キュリー研究所：https://curie.fr/

・アンリ・ポアンカレ研究所：http://www.ihp.fr/
・ＭＥＳＲＩ統計２０１８年：http://www.education.gouv.fr/cid57096/reperes-et-references-statistiques.html
・国家研究戦略ＳＮＲ：http://cache.media.enseignementsup-recherche.gouv.fr/file/Actus/04/1/ESR_Livre_Blanc_707041.pdf
・ＯＥＣＤ科学技術・研究開発統計：https://www.oecd-ilibrary.org/science-and-technology/data/oecd-science-technology-and-r-d-statistics_strd-data-en

著者紹介

白尾　隆行　(しらお　たかゆき)

国立研究開発法人科学技術振興機構研究開発戦略センター・特任フェロー。1974年千葉大学理学部卒。在フランス日本大使館一等書記官、文部科学省官房審議官、国際ヒューマン・フロンティア・サイエンス・プログラム(HFSP、ストラスブール)機構事務局次長、放射線医学総合研究所理事/監事、国際熱核融合実験炉(ITER、カダラッシュ)機構機構長室長などを経て、2017年より現職。

林　幸秀　(はやし　ゆきひで)

国立研究開発法人科学技術振興機構研究開発戦略センター・特任フェロー。1973年東京大学大学院工学系研究科修士課程原子力工学専攻卒。文部科学省科学技術・学術政策局長、内閣府政策統括官(科学技術政策担当)、文部科学審議官などを経て、2019年より現職。ライフサイエンス振興財団理事長。著書に『理科系冷遇社会』、『科学技術大国中国』、『北京大学と清華大学』、『中国科学院』など。

八木岡　しおり　(やぎおか　しおり)

国立研究開発法人科学技術振興機構研究開発戦略センター・フェロー（海外動向ユニット）。1989年明治学院大学文学部フランス文学科卒。安田信託銀行渋谷支店、日本アルカテル・ルーセント株式会社・真空機器事業部・セールスグループ・キーアカウントマネージャー、リタール株式会社・マーケティング部・部長などを経て、2017年より現職。

フランスの科学技術情勢

2019年8月31日　初版発行

著　者…国立研究開発法人　科学技術振興機構
研究開発戦略センター
白尾　隆行
林　幸秀
八木岡　しおり

発　行…株式会社アドスリー
〒164-0003 東京都中野区東中野4-27-37
TEL：03-5925-2840
FAX：03-5925-2913
E-mail：principle@adthree.com
URL：https://www.adthree.com

発　売…丸善出版株式会社
〒101-0051 東京都千代田区神田神保町2-17
神田神保町ビル6F
TEL：03-3512-3256
FAX：03-3512-3270
URL：https://www.maruzen-publishing.co.jp

デザイン・DTP…吉田佳里

印刷製本…日経印刷株式会社

ISBN978-4-904419-90-8 C0040